서른 살 청년백수
부동산경매로
50억 벌다

서른살 청년백수
부동산경매로
50억 벌다

초판 발행 2015. 04. 26
28쇄 발행 2022. 03. 23

지 은 이 차원희
감　　수 송희창
책임편집 허남희
편집진행 배희원, 여소연
펴 낸 곳 도서출판 지혜로

출판등록 2012년 3월 21일 제 387-2012-000023호
주　　소 경기도 부천시 원미구 길주로 137, 6층 602호(상동, 상록그린힐빌딩)
전　　화 032)327-5032
팩　　스 032)327-5035
이 메 일 jihyero2014@naver.com
　　　　　(독자 여러분의 소중한 의견과 원고를 기다립니다.)

ISBN 978-89-968855-5-9(13590)
값 15,000원

도서출판 지혜로는 경제·경영 전문 서적 출판사이며, '독자들을 위한 책'을 만들기 위해
객관적으로 실력이 검증된 저자들의 책만 엄선하여 제작합니다.

서른 살 청년백수

부동산경매로
50억 벌다

글 차원희 | 감수 송희창

지혜로

추천의 글

경매에 갓 입문한
막내의 반전!

송희창
(주)케이알리츠 대표
「엑시트 EXIT」
「송사무장의 부동산 경매의 기술」
「송사무장의 실전경매」
「송사무장의 부동산 공매의 기술」
「한 권으로 끝내는 셀프 소송의 기술」 저자

2008년 《송사무장의 부동산 경매의 기술》을 출간하고 나서 지금까지, 인터넷 카페 활동과 강의를 통해 많은 경매인들을 양성하였다. 나에게 강의를 들으며 인연을 맺은 제자들이 지금은 경매 고수들이 되었고, 그 중 여럿은 이미 책까지 출간하고 강의를 하고 있을 정도다.

많은 사람을 만나다보니 어떤 사람을 볼 때 그가 앞으로 경매시장에 살아남을 것인지 아니면 중도에 포기하고 원래의 자리로 돌아갈 것인지 가늠할 수 있게 되었다. 나 혼자만의 생각이라 볼 수도 있지만 사실 대부분 그 예상이 적중했다.

족장님을 처음 만난 것은 내가 운영하는 '행복재테크' 카페에서다. 어느 날부터 족장이란 아이디를 가진 사람이 질문게시판에 매우 기초적인 경매 상식에 대한 질문을 끊임없이 올리는 것이었다. 그가 남긴 글을 통해 학창 시절부터 유도만 해온 운동선수 출신이라는 것을 알게 되었고, 사실 그때 나는 얼마 가지 않아 족장님이 경매를 그만둘 것이라 생각했다.

그런데 3년이 지난 후, 몇 번의 패찰을 겪은 뒤 쉽게 포기할 줄 알았던 초보가 아파트, 단독주택, 단란주점 등을 낙찰 받고, 수익률이 좋은 상가 여러 채와 유치권이 신고된 14억 원이 넘는 근린시설까지 낙찰 받는 모습을 보며 내 예상이 제대로 빗나갔다는 것을 알게 되었다. 나중에는 낙찰 받는 물건을 보며 '이 친구가 투자를 정말 잘 하는구나'라는 생각까지 들었다. 그것도 경매를 시작하고 겨우 3년이라는 짧은 시간 동안에 이루어낸 성과이기에 더욱 놀라웠다. 특히 단란주점 같은 물건에 도전하는 것은 경매에 입문한 지 얼마 안 된 초보뿐 아니라 누구라도 쉽게 할 수 없는 부분이다. 솔직히 그의 경험담을 읽으며 처음에는 무모하다는 생각도 했지만, 여러 종류의 물건을 척척 받아내는 그에게 투자대상을 선별하는 탁월한 감이 있다는 것을 깨닫게 되었다.

투자를 잘 한다는 것은 이론 공부를 열심히 하여 권리분석에 능숙하다는 뜻이 아니다. 사고가 유연하여 남들이 그냥 흘려보내는 물건에서도 가능성을 찾아내고, 낙찰 후 매순간 변화는 상황에 능동적으로 대처하며, 쉽게 포기하지 않아 많은 기회를 만들어낼 수 있어야 한다. 그는 이런 요소들을 모두 갖추었고, 우직하게 한 길만 걸어온 운동선수 출신이란 사실이 전혀 느껴지지 않을 정도의 센스와 꼼꼼함 뿐 아니라 따뜻한 마음까지 지녔다.

첫 페이지부터 끝까지 책을 감수하며 나 또한 여러 상황마다 기지를 발휘하는 족장님의 센스에 놀라고 감탄했다. 이 책을 읽는 독자들이 경매의 스킬과 투자자가 갖춰야 할 마인드뿐 아니라 상황에 따른 대처방안까지 여러 부분에서 큰 도움을 얻을 수 있을 것이라 확신한다. 행복재테크 강좌 11기 수강생으로 어찌 보면 내 제자 중에서 제일 막내뻘이지만, 그가 앞으로 더 많은 도약을 할 것이라 기대해본다.

유도선수 경매를 하기 위해
청년백수가 되다

춘계 대학유도연맹전 2위

탐라기 전국유도대회 1위

87회 전국체육대회 1위

춘계 전국실업유도 최강전 1위

국가대표 선발전 3위

코리아오픈 국제유도대회 3위

동아시아 유도선수권대회 2위

전국실업유도선수권대회 1위

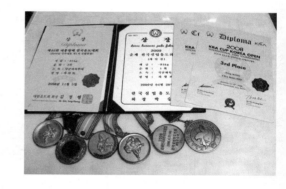

유도선수, 청년백수가 되다

나는 유도선수였다. 각종 국내·국제대회에서 우수한 성적을 내던 유도
선수. 내 또래에 비해 많은 연봉을 받았으며, 능력과 자신감 덕에 그 누구

에게도 아쉬운 소리를 한 적이 없었다. 최고의 위치에서 최고의 사람들과 최상의 조건으로 운동선수 생활을 했다. 그러던 어느 날 친구와 이야기하던 중 부동산경매라는 것을 알게 되었다. 경매는 내가 모르는 또 다른 분야의 일로 이야기를 들으면 들을수록 신기하게만 느껴졌다. 누군가는 1천만 원으로 1억 원을 벌었고, 또 누군가는 돈을 하나도 들이지 않고 월세가 나오는 집을 여러 채 갖게 되었다는 이야기. 세상에 그런 일이 어떻게 가능하냐며 면박을 주었지만 확인 결과 모두 사실이었다. 그런 성공담을 듣고 난 후 나는 경매의 매력에 빠지기 시작했다.

경매를 알고 나서 성인이 된 이후 처음으로 책을 펴 들었다. 오로지 운동만 하던 내가 공부를 하기 시작했고, 각종 인터넷 카페에 가입해 지식을 늘리고 많은 사람들과 정보를 공유하기 시작했다. 하지만 지방에서는 많은 정보를 얻는 데 한계가 느껴졌다. 책과 인터넷 카페가 아닌, 현장에서 직접 체험하는, 제대로 된 경매 공부를 하고 싶었다.

보장된 인생을 버리고 새로운 선택을 하다

사람은 태어나면 서울로, 말은 태어나면 제주도로 보낸다는 말이 있다. 경매를 제대로 배우려면 서울로 가야 한다는 생각이 들었다. 서울로 가기 위해서는 유도를 그만두고 백수가 되어야 했다. 내 인생의 전부인 유도를 그만둔다는 것은 결코 쉬운 일이 아니었다. 열네 살 때 처음 도복을 입고 스물여덟 살까지 약 14년간을 운동만 해온 나에게 유도란 단순히 직업이 아닌 삶의 전부였기 때문이다. 경매를 배우기 위해 서울로 갈 것인지, 고향에 남아 유도를 계속할 것인지에 대해 몇 달간 끙끙대며 고민했다.

유도를 계속한다는 것은 선수생활 이후 코치 내지 감독으로 안정적인 생활을 하며 살아간다는 것, 즉 평범한 삶을 원한다는 것이다. 65세까지 은퇴자금을 모으기 위해 매달 수입의 20% 이상을 저축하고 약간의 투자(주식)를 하면서 사는 삶, 가족들과 여행을 가기 위해서는 통장에 남아 있는 잔고를 생각하며 가야 할지 말아야 할지 수십 번을 망설이다 인터넷을 통해 좋은 곳보다는 저렴한 곳으로 선택해야 하는 그런 삶이 내가 생각하는 평범한 삶이다. 새로운 도전을 해서라도 돈을 벌고 싶었고 부자가 되고 싶었다. 남들보다 20년 빠른 은퇴를 하고 싶었고, 돈과 시간에 구애받지 않고 가족들과 어디든 여행하고 싶었다.

20대에 전문직으로 시작하여 남들보다 빨리 기반을 다지고 목표를 향해 달려가던 사람도 건강이나 가족보다 일을 우선적으로 해야 했기에 목표도 이루지 못한 채 생을 마감하는 경우를 흔히 본다. 나는 적어도 그렇게 살고 싶지 않았다. 결국 내 자신을 믿었기에 과감히 유도를 포기했고, 경매를 하기 위해 백수가 되는 길을 선택했다. 이것은 단순한 호기심이 아닌 진정 내 가슴을 뛰게 하는 선택이었다. 유도감독선생님께 찾아가 그만두고 싶다고 했더니 절대 받아들일 수 없다고 하셨다. 보장된 삶이 있는데 불확실한 삶을 살아가겠다는 제자가 못내 아쉽다는 말씀이었다. 그러나 내 인생의 방향과 확고한 의지를 몇 번이고 반복하여 말씀드렸더니 결국 내 의견을 존중해주셨다. 동료들과 14년을 함께해온 체육관과 마지막 인사를 하고 나올 때가 내 삶 중 가장 힘든 순간이었다. 뒤돌아보면 아쉬움이 내 발목을 잡을 것 같아 나오는 내내 앞만 보고 걸었다.

그런데 막상 유도팀을 나오고 나니 갈 곳이 없었다. 집으로 가면 부모님께선 어떻게든 다시 유도를 하게끔 만들기 위해 애쓰실 게 뻔했다. 결국 친구녀석 집을 찾아갔다. 유도 계약이 끝날 때까지 친구들 집에서 지내며 경매 공부를 했다. 계약 기간이 끝난 뒤 부모님을 찾아가 경매를 하고 싶다고 했더니 말도 안 된다며 펄쩍 뛰셨다. 하지만 그땐 이미 유도 계약이 해지된 이후라서 되돌릴 수 없었기에 부모님께서도 어쩔 수 없었다. 그렇게 나는 부모님의 근심걱정을 뒤로한 채 큰 가방 하나 둘러메고 무작정 서울로 올라와 35만 청년실업자 중 한 사람이 되었다.

서울은 잠 잘 곳조차 마땅치 않았다. 인터넷으로 알아보고 찾은 곳이 3평 남짓한 남의 집 방 한 칸. 내 몸 하나 눕히기도 힘든 좁은 곳에서 서른 살 청년의 백수 생활은 시작되었다. 서울로 올라와서 가장 먼저 한 일은 무료강의, 무료특강을 듣는 것이었다. 더 많은 사람들을 만나고, 더 많은 이야기를 나누기 위해서 서울까지 왔지만 내 예상은 보기 좋게 빗나갔다. 무료특강을 들으러 가면 항상 마지막엔 어떠한 곳에 투자하라는 이야기를 하였으니, 결국 무료특강이 아닌 투자자를 모으기 위한 수단이었던 것이다. 그런 사실을 깨닫자 더 이상 무료특강은 의미가 없었다. 앉아서 공부를 하기보다는 실전 경험을 하는 것으로 포커스를 맞추고, 아침마다 가방을 메고 서울 곳곳을 다니기 시작했다. 부동산중개업소가 내 집인 양 수시로 들락거렸으며, 경매 입찰이 있는 날이면 법원으로 가서 어떤 물건에 많은 사람들이 몰리는지 그 이유가 무엇인지 알아 보았다.

임장 경험을 쌓고 공부를 어느 정도 했다 싶을 때부터 낙찰에 도전하기 시작했다. 난생 처음 1,700만 원을 투자해 한 달 만에 500만 원의 수익이 났다. 그 이후 3천만 원으로 1억 2천만 원의 수익, 실투자금 1천만 원으로 월세 120만 원 수입의 상가, 어떤 때는 투자금을 회수하고도 1억 원이 더 생기는 근린시설까지 얻었다. 이 모든 일이 최근 3년 안에 일어난 일이며,

지금 이 책을 쓰는 순간에도 진행형에 있다.

누구나 동등한 위치에서 경쟁하는 게임

나는 유도를 하면서 상대선수들을 수없이 이겨보았고 반대로 진 적도 많다. 그런데 시합에서 나보다 더 열심히 훈련한 상대에게 지는 것은 당연한 일이지만, 베짱이 같이 노는 데도 나보다 잘하는 사람이 있을 때는 좀 억울했다. 물론 그 사람들이 전혀 노력을 하지 않는다는 것은 아니지만 자신이 노력한 것에 비해서 너무나 좋은 성적을 내는 것이 불만이었다. 사실 이런 사람들은 천부적인 재능이 있는 경우이다. 보통 사람은 아무리 노력을 해도 안 되는 부분을 그들은 처음부터 갖고 태어난다.

상위 1%를 좋아하는 나라가 대한민국이다. 대한민국에서는 노력을 많이 한 사람보다는 결과물이 뛰어난 사람, 평범한 외모보다는 잘생긴 사람들을 원한다. 이런 것들이 난 못마땅했다. 타고난 재능도 돈도 인맥도 없는 나는 무엇을 하든 힘들 수밖에 없었고, 포기하고 싶어서 포기하는 것이 아닌 거대 조직에서 포기하게 만들어주는 상황이 나를 더 힘들게 했다.

하지만 경매는 달랐다. 누구든 입찰표를 작성할 때 동등한 위치에서 경쟁한다. 처음 입찰을 하는 사람도 10년 동안 경매법원을 수시로 드나든 사람도 동등한 위치에서 겨루게 된다. 경매투자에서 수익을 얻는 것은 그리 특별한 비법이 없다고 생각한다. 경매는 얼마만큼의 발품을 팔았느냐에 따라 결과가 나오는 아주 정직한 게임이기에 더욱 매력이 있다. 이러한 이유로 나는 경매가 무척 마음에 든다.

차례

1장
낙찰 잘 받는 남자

2장
경매와는 또 다른 매력, 공매

낙찰을
잘 받는 남자

이런 물건을
낙찰 받아라

요즘같이 경매과잉시대에는 아파트를 낙찰 받는 것이 녹록지 않다. 실수요자가 아닌 투자자 입장에서는 더욱더 그렇다. 하지만 낙찰이 안 된다고 해서 초조해하거나 조급해할 필요는 없다. 낙찰을 많이 받기보다는 한 건을 받더라도 내가 원하는 수익이 나는 것을 받는 것이 좋기 때문이다. 그렇다면 경쟁이 치열한 아파트를 낙찰 받기 위해서는 어떤 식으로 접근해야 하고 어떤 시각으로 바라보아야 할까?

내 물건에는 실수요자만 입찰을 한다?

내가 입찰을 들어가는 물건마다 실수요자가 들어온 듯한 기분이 든다. 그렇다고 해서 가격을 조금 더 높이면 수익이 나지 않는다. 그렇다면 아파트는 대부분 실수요자가 낙찰을 받는 것일까? 그렇지는 않다. 나와 같은 투자자도 낙찰을 받는다.

하면 투자자들이 입찰을 하는데 왜 누구는 낙찰을 받고 누구는 낙찰을 못 받을까? 그 정답은 현장조사, 즉 얼마나 발품을 팔았느냐에 달려 있다고 생각한다. 경매에서 발품은 선택이 아닌 필수다. 직접 거주하는 아파트라고 해도 매매가격은 하루가 다르게 바뀐다. 많은 사람들은 "아파트가 달라봤자 얼마나 다르겠어?"라는 생각으로 접근을 한다. 그런데 실제로 다른 경우가 많다. 정말 다르다.

다른 점이 인터넷에 드러나지 않기 때문에 모를 뿐이다. 보통은 어떻게 접근을 하는가? 직접 현장으로 뛰어가기보다는 인터넷을 통하거나 전화 한두 번으로 시세 파악을 한다. 현장에 가보지도 않고 경매를 어느 정도 알고 있다는 자신감만으로 입찰에 뛰어든다.

이렇게 해서 경매로 성공할 수 있을까?

경매를 조금 안다는 게 어쩌면 기회를 놓치는 이유일 수도 있다. 또한, 보이지 않는 지뢰에 당하기도 한다. 흔한 속담이지만 '돌다리도 두들겨보고 건너라' 하는 말이 있지 않은가. 잘 아는 지역일수록 더 조심해야 한다.

보기에 같지만 다른 이유

대도시의 큰 아파트가 있다고 하자. 이 아파트가 전부 같은 평수라고 가정했을 때 가격도 다 같을까? 1, 2층 같은 저층과 맨 꼭대기 층은 시세보다 조금은 저렴하다고 알려져 있다. 그렇다면 다음 그림의 916동 1층과 924동의 1층은 가격 차이가 없을까? 실제로 사람들은 924동보다는 916동을 좀더 선호하고 있으며, 매매가 또한 1~2천만 원 정도 높은 가격에 거래가

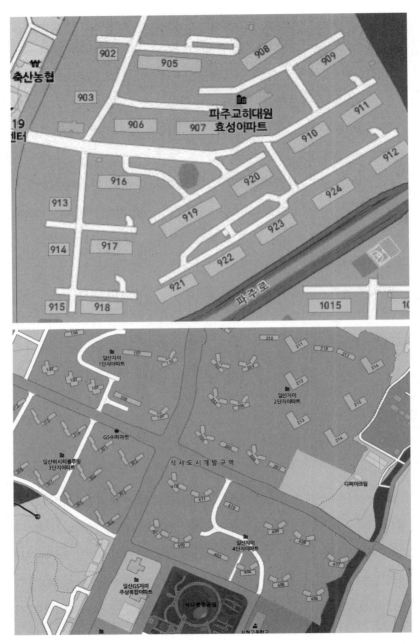

된다. 당연히 924동보다 916동을 찾는 사람이 많기 때문이다.

그렇다면 왜 똑같은 평수 똑같은 층수인데도 916동이 924동보다 가격이 높을까? 924동 같은 경우 큰 도로와 인접하고 있어 소음이 조금 있다. 916동 같은 경우 큰 도로와 조금 떨어져 있고 출구와 인접하기에, 특히 늦은 시간에 귀가하는 여성들이 선호한다.

별것 아닌 것 같지만 이런 사소한 이유들로 인해 매매가격의 차이를 만들어낸다. 입찰자는 언제나 가장 기초적인 부분부터 하나하나 파고들어야 한다. 투자는 낙찰이 중요한 것이 아닌 얼마만큼의 가격으로 접근하여 얼마만큼의 수익을 남기는지가 중요하다. 낙찰 받는 것이 목적이 되기보다는 낙찰 받은 후 얼마나 빠른 시간에 매도하느냐, 얼마나 많은 수익을 남기느냐가 중요하다는 것이다.

다른 곳을 하나 더 살펴보자. 왼쪽 페이지 아래 사진과 같이 1, 2, 3, 4단지 아파트가 있다면 이 중 사람들이 제일 선호하는 단지가 어디일까? 바로 4단지 403동이다. 왜 이곳이 다른 단지보다 유독 선호도가 높을까? 정답은 다름 아닌 구조와 전망(view) 때문이다. 이 아파트에는 판상형과 타워형 두 가지가 있는데, 대부분의 아파트가 타워형인 반면 403동만 판상형으로 되어 있다.

타워형은 동향, 서향, 남동향 등 다양한 방향으로 건설이 가능해 조망권 및 일조권이 뛰어난 것이 장점이긴 하나 맞통풍이 안 되어 환기가 잘 안 되며, 일부 세대는 북향으로 지어지고, 건축비와 관리비 또한 높은 편에 속한다. 반면 판상형은 관리비가 저렴하며 통풍이 잘 되어 여름엔 시원하고 겨울엔 따뜻한 편이다. 일반 판상형 아파트 단지의 경우 동간 거리 확보가 어려워 일조권을 보장받기가 힘든데 앞에 나온 아파트의 경우 시원 시원하게 띄워져 있어 동간 거리도 충분하다.

따라서 이 아파트의 수요가 넘쳐나서 다른 단지에 비해 가격이 매우 좋다. 많은 사람들이 바다가 보이는 집, 한강 조망권을 선호하며 열광하는 데에는 다 그만한 이유가 있다. 아침에 일어나 커튼을 걷었을 때 멋진 풍경을 볼 수 있는 집을 갖는 것은 대한민국 많은 사람들의 로망이다. 아파트의 전망이 좋고 나쁨은 그 차이에 따라 매도가격이 크게 차이날 뿐 아니라 매도 시기 또한 엄청나게 단축시킨다.

발품으로 세상의 변화를 따라잡아야 한다

이번에는 좀 다른 경우를 보자. 앞의 내용에서는 조용하고 전망이 좋은 곳이 값을 높게 받는다고 했다. 대개 아파트의 1층은 제값을 받지 못하는 경우가 많다. 그나마 수요층은 나이 많은 어르신

이나 어린아이들이 있는 가정에서 입주하는 경우가 대부분이었다. 그런데 최근 1층의 반격이 무섭다. 내부를 개조하여 어린이집으로 쓰는 경우는 많이 봤을 것이다. 이런 특별한 용도 말고도 아파트 입구 자체를 따로 만들어 전원주택의 느낌으로 1층을 세팅하기도 한다. 베란다 쪽에 문을 만들어 밖으로 나가면 정원으로 연결된다. 아파트 화단이 정원 역할을 하는 것이다.

세상은 한 곳에 머무르지 않고 빠르게 변하고 있다. 우리가 살고 있는 아파트도 계속해서 진화한다. 투자자는 이런 변화를 놓치지 않고 트렌드를 확실히 캐치할 줄 알아야 한다. 세세한 정보는 전화나 인터넷으로 알기 힘들다. 직접 가서 봐야 낙찰가격이 산정되고 수익이 어느 정도가 될지를 알 수 있다. 입찰보증금을 잃는 사람들, 고가의 낙찰을 받는 사람들은 대부분 초보가 아니라 오히려 경매를 조금 안다는 사람들이다. 경매 경험이 많고 지식이 많을수록 실수도 많아지는 것이다. 아파트를 볼 때 1층이라고 무조건 기피할 것이 아니라 그 아파트만의 특징이 있는지 잘 살펴보고 접근하면 된다.

낙찰을 여러 번 받아보았다고 자신만만하여 임장(현장조사)조차 제대로 가지 않는 경우가 있다. 그러다 그 지역의 특색과 아파트의 장단점을 제대로 파악하지 못해 높은 금액에 낙찰 받기도 한다. 같은 단지의 아파트라도 거래 가격이 2억, 2억 2천, 2억 5천 등 매매 가격은 천차만별이다. 그것도 모른 채 항상 기준을 2억 2천에 두고 입찰에 임한다. 그러다보니 시세 2억 원의 아파트를 2억 원에 받기도 하고 2억 5천의 물건에는 항상 떨어지게 된다. 낙찰가가 높다고 투덜거리지 말고 아파트의 장단점을 파악하고 입찰에 응한다면 좋은 결과가 있을 것이다.

낙찰 받을 확률이 높은 물건 검색하기

내 고향은 남쪽나라, 서울은 2월이 되어도 바람이 매서운 북쪽나라 같다. 추운 겨울이라 밖에 나가기 싫지만 어쩔 수 없다. 임장을 가야 하는 것은 경매인의 숙명이다. 처음 서울에 올라와 무작정 돌아다녔던 기억이 난다. 그때는 경매사이트에서 물건검색을 하지 않고 무작정 걸어다니며 조사를 하였다.

경매의 기본은 '얼마나 좋은 물건을 고르느냐'이다. 저평가된 물건, 감정가가 낮은 물건 등 투자가치가 있는 물건을 찾아내는 데에 중요한 것은 발품밖에 없다고 생각한다. 발품을 통해 얻은 정보는 그 어떤 것보다 정확하다. 이러한 정보는 국토해양부의 '아파트실거래가'에서도, 네이버 부동산에서도 쉽게 알아낼 수 없다. 간혹 주위 사람들이 "왜 그렇게 힘들게 다니느냐, 집에서도 편히 마우스 몇 번 클릭하면 시세를 파악할 수 있는데"라고 말한다.

결론부터 말하자면 손품으로 알아보는 것과 발품으로 알아보는 것은 확연히 다르다. 임차인을 만나지 못하더라도 일단 가서 봐야 한다. 동네 분위기를 보고 어떤 변수가 있는지 확인해야 한다. 경매는 작은 실수 하나가 10년 동안 쌓은 탑을 한 번에 무너뜨릴 수 있는 아주 위험한 재테크라고 할 수 있기 때문이다. 그래서 나는 입찰에 들어가기 전 무조건 임장을 한다.

거품이 빠진 곳이 좋다

전날 물건검색을 해보고 남양주 쪽 아파트의 낙찰가율이 그리 높지 않다는 것을 알았다. 낙찰의 확률을 높이는 방법 중 하나는 경쟁자가 많지 않은 지역을 공략하는 것이다. 좀 더 자세히 말한다면, 부동산 붐이 일어났다가 하락기를 맞이하는 곳을 공략하는 것도 한 방법이다.

지방의 경우는 어려울 수도 있겠지만 수도권 같은 경우는 좀 다르다. 지방은 건설사들이 건물을 지어 분양을 할 때에 무분별하게 분양가를 높인 물건이 드물지만 수도권 같은 경우 건설사의 높은 분양가 책정으로 인해 거품이 껴 있던 곳이 많다. 일산이 그러했고 파주 역시 그랬다. 일산신도시 같은 경우 고분양가로 인해 많은 피해자가 속출했지만 투자자 입장에서 일산신도시는 황금의 땅이었다. 입찰에 참가할 경우 매번 2~3명 정도의 상대들과 경쟁했고, 그 어떤 지역보다 수익이 좋았으며, 낙찰을 받아 잔금을 치르기 전부터 매수자가 대기하고 있었다. 남들은 무서워서 입찰하지 못할 때 나는 공격적인 투자를 해 더 많은 수익을 남겼다.

남양주도 그런 지역 중에 한 곳이었다. 그중 내가 선택한 곳은 덕소라는 도시이다. 덕소의 장점은 무엇보다 서울에서 출퇴근이 용이하다는 것이다. 서울과 접근성이 좋다는 엄청난 장점 외에 자연환경이 좋다고 알려진 곳이었다.

우연히 뉴스를 검색하던 중 이런 기사를 보았다. "공기 좋고 한적한 환경을 자랑하는 남양주 덕소에는 개그우먼 이○○, 탤런트 권○○ 등이 거주 중이다." 그렇다. 연예인도 맘에 들어 이사가는 곳이 바로 덕소였던 것이다.

등기부등본
열람하기

물건지로 가기 전 사건에 대한 사전조사는 필수다. 적을 알아야 백전
백승이라고 하지 않던가. 먼저 등기부등본을 쭉 나열해서 적기 시작했다.

TIP 등기부등본을 옮겨 적을 때는 말소된 것들도 전부 적어 본다. 말소된 곳에서 엄청난
증거 자료가 많이 나오기도 한다.

어, 그런데 이상하다. 이게 뭐지?

10	임의경매개시결정	2012년9월 제9▩▩▩	2012년9월5일 의정부지방법원의 임의경매개시결정(2012	채권자 박▩▩ 380520-1****** 남양주시 와부읍 덕소리

근저당권자 박○○, 그런데 임차인도 박○○?

임차인	점유부분	전입/확정/배당	보증금/차임	대항력	배당예상금액	기타
박○○	주거용	전 입 일: 2007.03.20 확 정 일: 미상 배당요구일: 없음	미상		배당금 없음	
기타사항		☞조사외 소유자 점유 ☞현지 방문하여 아무도 만나지 못하였으나 주민등록 등재자가 있어 임차인으로 조사를 하였지만 정확한 것을 알 수 없으므로 별도의 확인이 필요함 ☞우편함에는 미수취 우편물(박○○) 2개가 있음 ☞임차인으로 조사된 박○○는 주민등록재자임				

이거 가야 하나 말아야 하나 고민에 빠지기 시작했다. 임차인과 근저당권자가 똑같다. 그런데 경매신청인 또한 임차인이다. 그렇다면 그들은 어떤 관계일까 생각을 해보았다. 박○○ 씨는 누구일까. 혹시 돈을 받지 못한 험상궂은 울퉁불퉁한 아저씨? 돈을 못 받아서 근저당을 걸어놓고 집을 경매로 신청한 것일까?

그런데 다시 살펴보니 그러기에 임차인 나이가 너무 많다. 등기부등본에 기재된 임차인은 1938년생이다. 대체 뭘까, 무슨 이유로 경매까지 진행된 것일까? 고민에 빠지기 시작했다. 잘못하면 낙찰을 받더라도 명도가 크게 문제될 수도 있다.

가장 힘든 대상이 연세 많으신 어르신들이다. 이유인 즉슨 대화가 힘들다는 것과 연세가 많다보니 낙찰자의 정확한 뜻을 전달해 설득시키기 힘들다는 것이다. 대부분 자식들이 재산을 탕진한 경우가 많으며, 경매가 진행되는지조차 모르는 경우가 많다. 그런 상황에 갑자기 찾아가서 집이 경매에 넘어갔다고 통보하면, 그 충격으로 잘못될지도 모른다. 그러면 어떻게 할 것인가? 또 대화를 모르쇠로 일관하는 분들이 많다. 무슨 이야기를 하든지 간에 모르쇠만 고집하신다. 자기는 아무것도 모르며 자식들에게 이야기할 것을 요청하신다. 연세 많으신 분들은 강제집행도 어려울 수 있다. 강제집행은 임차인과 협의가 안 될 경우 낙찰자가 할 수 있는 최선의 선택인데, 강제집행 전 집행관이 계고를 하러 갔을 때 나이가 많은 어르신이 계실 경우 집행 자체를 꺼린다. 최악의 경우 구급차까지 동원해서 나간다고는 하지만 그것도 쉽지만은 않다.

핑계 없는 무덤 없다. 내가 꺼려하는 부분이 있다면 분명 남들도 꺼릴 것이다. 일단 이것저것 따지다보면 임장은 어떻게 할 것인가? 1938년생이면 78세이다. 우선 어떤 사연인지만이라도 알아야 했다.

현장으로 떠나다

도착해서 주변을 둘러보니 제법 교통이 편리한 곳에 위치해 있었다. 덕소 시내까지는 좀 걸릴지 몰라도 지하철역과 버스정류장은 도보로 3분 거리였다. 혹시나 유해시설이나 혐오시설이 있는지 꼼꼼히 찾아보았지만 다행히 별 특별한 것은 없어 보였다. (처음 온 지역이라면 장례식장이라든지 쓰레기처리장, 유해공장 등 인근에 혐오시설이 있는지 반드시 확인해야 한다.) 그렇다면 이제는 임차인을 만나러 가야 한다. 낙찰을 받기 전 특별한 경우에는 임차인을 만나 체크해보는 것이 좋다.

오후 2시. 땡똥땡똥. 아무도 없다. 그냥 가려다가 기다리기로 마음먹었다. 기다리는 동안 인근 부동산중개업소에 가보았다.

총 세 군데의 부동산중개업소를 방문했다.

A 부동산중개업소에서는 경매하는 사람이라고 이야기를 하니 아는 척도 안 한다.

B 부동산중개업소에서는 가르쳐주긴 하나 굉장히 귀찮아하는 눈치다.

C 부동산중개업소는 매우 친절하다.

부동산중개업자들이 잘못 생각하는 경우가 많다. 경매인과 부동산중개업자는 떼려야 뗄 수 없는 관계이다. 비록 시세 조사를 하러 갈 때에는 경매입찰자가 '을'의 입장일지 몰라도 낙찰을 받고나면 '갑'의 위치로 바뀌게 된다. 내가 가지고 다니는 체크리스트에 부동산중개업자가 친절한지 불친절한지도 체크를 한다. 지금까지 경험해보면 입찰 전 설명을 잘 해주는 곳이 낙찰 후 매매 또한 순조롭게 잘 처리했다.

체납관리비 체크 및 이웃 주민 탐방

시세 확인 후 할 일은 관리사무소에 방문하여 혹시나 미납된 관리비가 없는지 체크하는 것이다. 이것은 아파트 입찰 뿐만 아니라 상가 임장 때도 꼭 필요한 부분이다. 더군다나 상가는 아파트보다 관리비가 비싸기 때문에 생각지도 못한 금액이 밀려 있을 수도 있다. 아파트의 관리비를 문의했더니 미납금액이 전혀 없었다.

관리사무소 직원에게 임차인에 대해 물어보니 할아버지가 살고 계신다고 했다. 혼자인 것 같기도 하고 할머니가 다녀가는 것 같기도 하고 정확히는 모르겠단다. 임차인이 살고 있는 아파트 통로 앞으로 가서 서성거리다보니 한 아주머니가 나오신다. 같은 동에 사시는 분 같아 일단은 붙잡고 물어봤다.

족장: 뭐 좀 여쭈어볼 것이 있는데요.

아주머니: 네, 무슨 일이신데요?

족장: 다름이 아니라 여기 1층에 어떤 분이 살고 계신지 아세요?

아주머니: 할아버지가 살고 계시던데.

족장: 할아버지요? 할아버지 혼자 사시는 거예요?

아주머니: 잘은 모르겠는데 할머니도 한 번씩 오시는 것 같더라고요.

족장: 할아버지랑 할머니가 같이 사시는 게 아닌가봐요.

아주머니: 저도 정확한 것은 몰라요. 그냥 오가다가 본 거니까 확실하게 알 수는 없어요. 그렇다고 할아버지가 교류를 자주 하시는 것도 아니고요.

족장: 아, 그렇군요. 여기 살기는 어떤가요?

아주머니: 뭐 나쁘진 않아요. 지하철역이랑 가깝고 잠실 가는 버스도 앞에서 탈 수 있으니까요. 조금 불편한 것은 대형마트가 조금 떨어져 있는 것인데, 차를 이용하면 5분 정도 거리에 있어서 그렇게 멀다고 할 수 없죠.

족장: 그렇군요.

아주머니: 근데 무슨 일이세요? 여기 이사 오시게요?

족장: 네, 그러려고요. 다음에 이사 오면 잘 부탁드립니다.

아주머니: 네, 그렇게 하세요. 여기 살기 나쁘진 않아요.

족장: 감사합니다.

할아버지가 사시는 것 같으나 할머니께서 한 번씩 오신단다. 할머니든 할아버지든 간에 누구든 만나봐야 했다.

점유자와 첫 만남

주변 탐방을 마치니 오후 5시다.
다시 한 번 아파트 벨을 힘껏 눌렀다.

점유자: 누구세요?
족장: 안녕하세요, 할아버지! 경매 때문에 왔는데요.

뚜뚜뚜…. 인터폰을 그냥 끊어버린다. (내가 기다린 게 몇 시간인데.)
다시 초인종을 반복해서 눌렀다.
띵똥띵똥, 띵똥띵똥.

점유자: 아니, 왜 자꾸 띵똥거려. 왜?
족장: 할아버지, 말씀드릴 게 있어서 왔습니다.
점유자: 낙찰 받았어? 낙찰 받았냐고?
족장: 아직은 아니고요. 그 전에 좀 여쭈어보고 싶은 것이 있어서요.
점유자: 낙찰 받으면 이야기해. 아니면 가!

할아버지가 이야기하실 때 내부를 슬쩍 보니 생각보다 깨끗했다. 또 하나, 할아버지께서 큰 소리로 말씀하시는 것이 엄청 정정하신 것 같았다. 행여 어디 편찮으시거나 하지 않을까 염려했는데 정말 다행이다.

입찰가 산정에
공을 들여라

나는 하루 전날 입찰표를 작성해 간다. 왜냐하면 혹시 차가 막혀서 입찰 시간에 늦을 수도 있고, 법정에서 입찰표를 작성하면 팔랑귀라 불리는 내 마음이 심하게 요동칠 수 있기 때문이다. 그래서 입찰 하루 전날 낙찰금액을 산정하여 적은 뒤 그것을 머리맡에 놓아두고 자는 것이 습관이 되었다.

나는 입찰가격을 정할 때 상당히 공을 들이는 편이다. 얼마를 쓸 것인지 생각을 많이 해야 하고, 해당 물건이 작든 크든 간에 최선을 다해야만 긍정적인 결과도 따라온다. 과감하게 금액을 높이 쓸수록 낙찰 받을 확률이야 높겠지만 최소금액으로 받아서 수익을 많이 남기는 게 부동산경매의 관건이다. 이 일은 숫자계산이 아니라 투자자의 감도 무척 중요하다.

입찰가를 산정한 후 다음날 법원에 갔다. 경매법정에 들어가면 참 묘한 기분이 든다. 예전 유도선수일 때 시합장에 들어설 때처럼 심장이 요동친다. 나는 운명 자체가 누군가를 이겨야 하는 운명인가보다.

의정부 경매법정에 들어서니 이전에 입찰했던 법정과는 또 다른 느낌이었다. 다른 법원이 대형극장이라고 하면, 이곳은 약간 소극장 느낌이라고 할 정도로 조금은 작은 규모의 법원이었다. 그런데 그게 무슨 상관이겠는가. 나에게 중요한 것은 낙찰 영수증이다. 소극장이라고는 하지만 열기만큼은 그 어느 법정보다 달아올라 있었다. 물건번호가 하나하나 불리기 시작한다. 2012타경134, 2012타경467… 순서대로 진행되었다.

내가 입찰한 물건은 사람들이 전부 나간 뒤 거의 마지막에 불리기 시작했다. "2012타경4XXXX. 입찰자는 2명입니다. 차원희 씨가 최고가매수인으로 낙찰되었습니다." 최저가에 800만 원가량 더 올려 적었는데 낙찰이되었다. 이 정도 금액이면 수익도 충분했기 때문에 입찰 전 고민했던 보람이 있었다.

2012타경4■■■■			* 의정부지법 본원 * 매각기일 : 2013.02.15(金) (10:30) * 경매 17계(전화:031-828-0337)				
소 재 지	경기도 남양주시 와부읍 덕소리				도로명주소검색		
새 주 소	경기도 남양주시 와부읍 덕소로■■						
물건종별	아파트	감 정 가	210,000,000원	오늘조회: 0 2주누적: 2 2주평균: 0 조회동향			
대 지 권	38.472㎡(11.638평)	최 저 가	(80%) 168,000,000원	구분	입찰기일	최저매각가격	결과
				1차	2013-01-11	210,000,000원	유찰
건물면적	59.96㎡(18.139평)	보 증 금	(10%) 16,800,000원	2차	2013-02-15	168,000,000원	
매각물건	토지·건물 일괄매각	소 유 자	홍■자	낙찰 : 176,380,000원 (83.99%)			
개시결정	2012-09-05	채 무 자	홍■자	(입찰2명,낙찰:차■■)			
사 건 명	임의경매	채 권 자	박■배	매각결정기일 : 2013.02.22 - 매각허가결정			

대부분의 아파트는 입찰 경쟁자들이 많은 편인데 내가 입찰한 아파트는 고작 2명이었다. 예상대로 많은 사람들이 관심을 두지 않는 지역이었다.

단지	번지	전용면적	7월		8월		9월		건축년도
			계약일	거래금액 (층)	계약일	거래금액 (층)	계약일	거래금액 (층)	
덕소		49.29					11~20	19,000 (10)	1998
		59.94			11~20	19,500 (6)	1~10	21,200 (12)	
		59.96			11~20	22,000 (13)	1~10	21,500 (9) 22,000 (13)	
							11~20	22,000 (7)	
		59.99	1~10	21,000 (19) 21,800 (7)	1~10 21~31	21,800 (9) 22,000 (14)	21~30	21,800 (10) 20,500 (4) 21,000 (6) 22,000 (8) 21,350 (19)	
		84.79	11~20	27,900 (13)	1~10	25,600 (9) 25,500 (11)	11~20	27,000 (11)	

실제 거래되는 가격이 2억 1천만 원~2억 2천만 원이라 생각하면 좀 더 많은 투자자들이 모일 수 있었겠지만, 이 지역 또한 재개발 붐과 고가 분양으로 인해 투자심리가 움츠러든 곳이었다.

점유자의
경매 신청

　낙찰 받은 날 대체 어떤 이유로 임차인 겸 채권자가 경매를 신청했는지 궁금해서 더는 기다릴 수가 없었다. 잔금을 납부하고 가는 것이 관례라고는 하나 어차피 점유자는 채권자이기에 특별히 신경을 쓰지 않을 것이라 생각했다. 그리고 혹시 내부에 하자가 심각한 부동산일 경우 매각허가 결정이 나기 전에 매각불허가신청을 해야 했기 때문에 임차인 집으로 향했다. 점유자 집에 갈 때에도 빈손으로 가는 것보다는 음료수라도 사가는 것이 좋다.

TIP 매각허가결정
법원이 최고가 경매인에게 경매부동산의 소유권을 취득하게 하는 집행 처분을 말한다.

매각불허가 신청
- 미성년자가 최고가매수신고인이 된 경우
- 최고가매수신고인이 공무집행방해죄 유죄판결 확정 후 2년 경과 이내인 경우
- 이전 매각기일에 잔금미납한 낙찰자가 다시 최고가매수인이 된 경우

- 천재지변, 그 외에 최고가매수인이 책임질 수 없는 부동산에 관한 중대한 권리관계가 변동된 사실이 경매절차 중에 밝혀진 경우
- 그 외 경매절차에 중대한 잘못이 있는 경우
- 과잉매각이 된 경우

유독 이 집은 초인종을 여러 번 누르게 된다.

띵똥띵똥.

족장: 안녕하세요. 낙찰 받은 사람입니다.

임차인: 아, 낙찰자시구나. 들어와요.

족장: 네? 아, 네. (예상 외로 친절하시네.)

임차인: 낙찰된 거야? 근데 이렇게 젊은 사람이 왔어?

족장: 네, 제가 직접 받은 물건입니다.

임차인: 젊은 사람이 돈이 많은가봐. 아파트 낙찰을 받고.

족장: 그런 건 아니고 이번에 장가를 가게 되어서 신혼집으로 꾸미려고요.

(항상 시나리오를 미리 준비해둬야 한다.)

임차인: 그려, 내가 아주 깨끗이 사용했으니 엄청 좋을 거야. 그런데 내가 이 집 때문에 얼마나 골머리를 썩었는지 몰라.

족장: (이제 슬슬 물어볼 타이밍인 것 같았다.) 근데 왜 할아버지께서 임차인이고 근저당권자인 건가요?

잠시 사연을 들어보니 대략 이해가 되었다. 할아버지에게는 외아들이 있는데 장가를 보내면서 이 아파트를 신혼집으로 직접 사주셨단다. 그런

데 그 당시 아들이 사업을 하고 있었기에 부득이 며느리 명의로 아파트를 매입한 것이다. 그때 혹시 몰라서 아파트에 근저당을 설정해두었는데, 불행히도 아들 부부는 결혼 생활을 길게 이어가지 못하고 결국 이혼을 하게 되었다. 그렇게 되니 당연히 며느리와 시아버지의 관계가 안 좋게 되었고 보기 싫은 며느리와 돈을 받아야 하는 시아버지는 원만한 합의가 이루어지지 못해 결국 경매까지 넘어온 것이다.

족장: 그럼 며느리에게 원하는 게 무엇인가요? 돈이요?

임차인: 몰라, 내 말은 아예 들으려 하지도 않아. 내가 오죽하면 이 나이에 경매까지 신청했겠어?

족장: 네, 그렇죠. 그럼 할아버지께서 이사 가실 집은 있으세요?

임차인: 그럼, 당연히 있지.

족장: 언제 이사 가실 건가요? 제가 그것을 알아야 진행을 할 수 있을 것 같아서요. 잔금 납부 기간도 조금 넉넉히 할 수 있고요.

임차인: 지금이 2월이지? 6, 7월에 갈게.

족장: (어쩐지 잘 풀린다 싶었다.) 할아버지, 그렇게 오래 계시려면 월세를 내고 사셔야 합니다.

임차인: 무슨 소리야? 내 집에 사는데 무슨 월세야.

족장: 지금이야 할아버지 며느리 소유지만 잔금 납부를 하면 제 소유가 됩니다. 그렇게 되면 할아버지께서는 제 소유의 집에 사시는 것이기 때문에 월세를 내셔야 하는 겁니다.

나이가 많은 분이라서 행여나 내 이야기를 못 알아들으실까봐 차근차근 알려드렸다. 바로 그때.

임차인: 나가!

족장: 네?

임차인: 나가라고! 난 6월 전엔 못 나가. 집이 없는데 어딜 가? 6월에 다른 집 계약했으니까 그때 나갈 거야.

족장: 이러시면 안 됩니다. 그럼 전 법적인 절차를 진행할 수밖에 없습니다.

임차인: 나가라고! 나 지금 혈압도 높고 당뇨 수치도 높고 뇌졸중 증세도 있으니까 혈압 높이지 말고 어여 가. 안 그러면 나 쓰러진다. 빨리 나가! 나 지금 막 어지럽고 힘들어. 빨리 나가!

족장: 일단 가고 내일 다시 찾아오겠습니다.

임차인: 절대 다시 올 필요 없어. 난 6월에 나갈 거야.

족장: 참, 이거 음료수 드세요.

임차인: 아니, 나 이거 먹으면 죽는다고. 당뇨 있다는 말 못 들었어? 왜? 내가 죽어서 여기 나갔으면 좋겠어? 이거 먹으면 나 죽는다고 그러는데 왜 자꾸 주고 가? 가져가!

할아버지의 막무가내 행동을 막을 수 없었다. 더군다나 손자뻘 되는 젊은 청년이 오니 더 만만하게 보신다. 채권자 겸 임차인이라고는 하지만 상대는 할아버지다. 연세가 많은 어르신이다 보니 잘못되면 그 마음의 빚을 어떻게 감당하랴. 일단 다음날 다시 한 번 찾아가보기로 했다.

협상이 바로 안 되면 상대가 진정된 후 다시 진행해야 한다.

다음날. 띵똥띵똥.

족장: 할아버지 계세요?

임차인: 오지 말라니깐 무슨 일이야?

족장: 그래도 이야기는 하셔야죠. 어떻게 그렇게 끝낼 수 있어요?

임차인: 일단은 들어와! 그런데 나 오래 이야기 못 해. 오래 이야기하면 화가 나서 쓰러질 것 같아.

족장: 네, 그렇게 하겠습니다. 오래 걸리진 않을 거예요. 할아버지, 어제 말씀드린 대로 소유권이 이전되면 분명 저 또한 재산상에 피해를 입게 됩니다. 그렇다면 제가 가만히 있을 수는 없고요.

임차인: 그래도 자네는 싸게 받았으니 돈 벌었잖아. 그럼 내가 언제 나가야 하는 건데?

족장: 언제까지 빼주실 수 있으신데요?

임차인: 난 6월이라고 했잖아.

족장: 그런 조건이면 원만한 해결은 불가능합니다. 저 또한 최대한 잔금 납부를 늦추어 할아버지 편의를 봐드리려고 했거든요.

임차인: 그럼 5월 10일에 나갈게.

족장: 5월 10일이면 제가 무상으로 두 달을 드리는 것입니다.

임차인: 정말 집이 없어서 그래.

족장: 할아버지 그럼 제가 두 가지 조건을 제시할게요. 첫째, 5월 10일까지 나가겠다는 약속이행각서 하나 써주시고요. 둘째, 집을 보러 오겠다는 사람이 있으면 언제든지 집을 보여주셔야 합니다. 이 두 가지 조건에 맞춰주실 수 있으세요?

임차인: 집은 보여주면 되는데 각서는 싫어.

족장: 그럼 저도 싫습니다.

임차인: 그럼 나 이사비는?

족장: 이사비는 원래 없습니다.

임차인: 젊은 사람이 그러지 마. 싸게 샀잖아. 나도 집이 안 팔려서 너무 힘들어.

족장: 그럼 이행각서 써주세요. 그럼 제가 30만 원 드리도록 하겠습니다.

임차인: 30만 원으로 이사를 해주는 곳이 어디 있어?

족장: 할아버지, 원래 배당을 전부 받아가는 임차인에게는 이사비를 드리지 않습니다.

임차인: 이행각서는 못 쓰겠어.

나이가 많은 분들은 각서나 서류를 쓰는 것에 대해 상당한 반감을 갖고 계신다.

임차인: 이제 나 머리 아프니까 빨리 가. 혈압 올라가는 것 같아.

족장: 네?

임차인: 지금 나 힘들다고. 이야기하기 힘들어. 열 내면 안 돼.

족장: 그럼, 내일 다시 오겠습니다.

임차인: 내일 또? 내일 또 와?

족장: 협의가 되지 않는다면 법적 절차를 밟아야 하지만, 그래도 세 번은 만나 뵈어야겠다는 생각으로 내일까지만 오겠습니다. 정말 마지막이니깐 잘 생각해보시고 이야기해주세요.

임차인: 그려, 그려. 그렇게 해.

    할아버지 기가 많이 꺾이신 것 같았다. 그래도 어쩌겠는가. 명도는 해야 하는 것을. 한 번씩 명도를 하면서 '참으로 내가 모질구나' 하는 생각을 한다. 하지만 명도라는 게 그렇다. 전부 돈과 관련되어 돈으로 엮인 사람들이다. 사회에서 친분으로 엮인 그런 관계가 아니란 말이다. 서로에게 맞는 해법을 찾는 것은 이사비를 얼마나 주는지와 얼마를 받고 나갈 것인지에 달려 있다. 물론 전부 그렇지는 않지만 대부분이 그렇다는 것이다. 나갈 때 이사비를 5~10만 원만 줘도 순조롭게 끝날 수 있다. 나는 이사비를 좀 후하게 주는 편이긴 하다. 나가는 사람들은 얼마나 마음이 아프겠는가. 반대로 나는 어느 정도의 수익을 보고 들어간 것 아닌가. 사람 일은 모르는 것이다. 단, 쓸데없이 과도한 이사비라든지 말도 안 되는 비용을 요구할 시 강력하게 대응한다. 사람이 좋은 게 좋은 것이라고는 하지만 너무 좋게만 대하다보면 내 마음 같지 않은 게 사람 일이다.

    다음날. 띵똥띵똥.

족장: 할아버지, 저 왔습니다. (이제는 상당히 친해졌다.)
임차인: 들어와.
족장: 어제 말씀드린 것은 생각해보셨어요?
임차인: 나는 도무지 각서는 못 쓰겠고 집은 보여줄게. 빡빡하게 좀 하지 마. 내가 없는 소리를 하겠어? 나간다잖아, 나 좀 힘들게 하지 마!

대체 뭐가 힘들다는 건가. 배당을 전부 받아가니 떼이는 돈이 있는 것도 아닌데. 나야말로 힘들다. 왜 저를 힘들게 하시는 건가요?

족장: 그럼 법적인 절차를 밟도록 하겠습니다. 세 번을 방문하여 협의를 하려 해도 되지 않으니 어쩔 수 없이 진행하는 것을 이해해주셨으면 좋겠습니다.

임차인: 그런 거 좀 하지 말라고. 법원에서 서류가 올 때마다 혈압이 올라서 죽겠어.

족장: 그래도 어쩔 수 없습니다. 이해해주세요. 법원 서류가 마음에 안 드시면 열어보지 않고 버리셔도 됩니다.

임차인: 일단은 알았어. 그걸 뭘 계속 보내?

족장: 제가 어떻게 할 수 있는 문제는 아니고요. 기존에는 5월 10일까지였으나 저희가 15일까지는 괜찮을 것 같으니 5월 15일까지는 이사를 마무리해주셨으면 좋겠습니다.

임차인: 15일? 그래, 알았어.

족장: 네, 그럼 할아버지를 믿고 제가 따로 이행각서는 쓰지 않겠습니다.

임차인: 그래, 알았어.

그렇게 이야기를 마친 후 나는 발걸음을 옮겨 그 집을 나왔다. 하지만, 그때 이행각서를 쓰지 않았던 것은 큰 실수였다. 어떠한 약속이든 간에 구두로 하는 이야기보다 문서화시켜 확실한 증거 자료를 만들어놓아야 한다. 며칠 뒤, 부동산중개업소에서 이야기하는 게 영 신통치 않았다. 분명 할아버지는 언제든 집을 보여준다고 하셨는데 집도 잘 보여주지 않는다고 하고 뭔가 찝찝해 안부도 물을 겸 할아버지께 전화를 걸었다.

족장: 할아버지, 별일 없으시죠?

임차인: 응, 나는 별일 없어.

족장: 네, 그냥 안부 겸 연락드렸습니다. 요즘 사람들이 집 좀 보러 오던
가요? (모른 척하고 살짝 물어보았다.)

임차인: 아니, 부동산중개업소에서 연락이 없던데? 집 보러 오는 사람
이 없나봐.

족장: (어제도 그제도 집을 보고 싶은데도 못 봤다는데 무슨 소리인가.) 아, 그래요?
할아버지 혹시나 부동산중개업소에서 연락 오면 꼭 좀 부탁드려요.

임차인: 그래, 알았어. 걱정하지 마. 그리고 이사는 6월에 갈 거야.

족장: 네? 무슨 말씀이세요? 할아버지 저랑 약속하셨잖아요.

임차인: 무슨 약속? 내가 무슨 약속을 해?

족장: 5월에 나가기로 하셨잖아요. 집도 보여준다고 하셨고요.

임차인: 집은 안 보러 와서 못 보여준 것이고, 이사는 6월이야.

족장: 할아버지, 내일 다시 찾아뵙겠습니다.

누구 탓을 하랴. 꼼꼼하지 못한 내 탓인데. 하나하나 손으로 꾹꾹 짚어
가면서 해야 할 일인데, 그 순간 미안한 감정이 앞서서 이렇게 안일하게
일처리를 한 내 탓이었다. 우리의 삶도 똑같다. 그 순간 미안하기도 하고
서먹한 분위기가 싫어 딱 잘라 말하지 못하면 항상 더 큰 시련을 마주하
게 되는 것이다.

어차피 지금 생각으론 할아버지가 6월까지 이사하지 않는 것이 확실하

다. 그렇다고 강제집행을 하려 해도 마음에 걸린다. 어떻게 이 일을 처리할지 다시 고민했다. 물건을 처리할 때마다 안일하게 하지 말자는 내 자신과의 약속을 어긴 것도 짜증이 났다. 기분이 상한 상태로 고민하니 내일 할아버지와 대면하면 어떻게 대화를 풀어나갈지 전혀 생각나지 않았다.

그런데 불현듯 아이디어가 떠올랐다. 경매 취하 프로젝트. 이 아파트의 경매를 취하하는 것이다. 다들 취하라고 하면 '취하가 쉬워?'라고 생각한다. 방법은 여러 가지가 있고, 칼자루 역시 내가 쥐고 있다. 아직은 잔금 납부기간이 조금 남았기에 매수자가 있다면 충분히 메리트 있는 조건으로 낙찰된 아파트를 매매할 수 있을 것 같았다. 매수자는 없는 게 아니다. 다만 가격이 맞지 않아 접근하지 못하는 것이다.

이 아파트의 평균 시세는 2억 1천만 원이고, 내가 낙찰 받은 금액은 1억 7천7백만 원이다. 만약 부동산중개업소에 1억 8천5백만 원 수준에 매물을 내놓는다면 수월하게 매매가 될 것이라 생각했다. 이렇게 되면 많은 차익을 남기는 것은 아니지만 단기간의 수익이라는 점과, 임차인이 연세 많으신 어르신이기에 명도에 대한 어려움, 종자돈이 어느 정도 묶일지도 모른다는 부담감을 떨쳐버릴 수 있다.

그런데 이 프로젝트를 성공시키기 위해서는 반드시 3가지 넘어야 할 산이 있다. 첫 번째로 소유자인 며느리가 협조해야 하고, 두 번째, 채권자 할아버지와 협의가 되어야 하며, 세 번째로 매수자를 설득시켜야 한다. 이 방법으로 매각하려 할 경우 낙찰자 혼자만 이익을 보는 구조가 아니라 할아버지와 며느리에게도 어느 정도 수익배분의 조건을 만든다면 모두에게 좋은 일이 될 것 같았다. 물론 저렴하게 매입하는 매수자도 이익이다.

협상의 기술

다음 날 할아버지를 찾아가 하나하나 차근차근 말씀드렸지만, 할아버지는 며느리가 절대로 그리 하지 않을 것이라고 하셨다. 하지만 계약이 성사될 경우 본래 할아버지께 제시했던 이사비에 추가로 100만 원을 더 드린다고 하니 어떻게든 성사시켜보라고 하신다. 이제 며느리만 설득하면 된다. 할아버지께 연락처를 받은 뒤 소유자(며느리)에게 전화를 걸어 현 상황에 대해 하나하나 설명을 했다.

족장: 이렇게 매매를 하는 것이 서로에게 더 나은 조건이라고 생각합니다.
소유자: 내가 대체 왜 그래야 하는지 모르겠네요. 그리고 전 아버님을 만나기조차 싫습니다.
족장: 집이 경매로 넘어간다는 것은 여러 가지로 좋지 않습니다. 나중에 신용상 문제가 생길 수도 있습니다.
소유자: 어차피 이렇게 된 거 전 싫어요. 아버님이랑 만나기 싫다구요.

소유자인 며느리는 채권자인 시아버지와 대면하는 것을 상당히 꺼려하고 있었다.

족장: 시아버님이 만나기 싫다는 이유만으로 신용상 문제가 생긴다면 며느님만 피해를 봅니다. 단지 소유자라는 이유만으로 피해를 보시려고요? 배당 받으러 가실 때 정말 아버님(채권자)을 안 만나실 것 같아요? 며느님께서 남은 배당금을 받아간다고 하면 과연 할아버지께서 가만히 계실까요?

소유자: ….

족장: 제가 채권자(시아버지)분을 만나시지 않도록 위임장을 받아서 모든 업무를 처리하도록 하겠습니다.

소유자: 정말이에요? 그럼, 그렇게 할게요.

족장: 감사합니다. 빠른 시간 내에 정리하도록 하겠습니다.

다행이 소유자도 이 모든 일이 빨리 끝나기를 원하고 있었다. 그렇다면 이제 내게 남은 미션은 매수자를 찾는 것 뿐이었다. 부동산중개업소에 들러 이 물건에 대해 자세히 설명했다. 내가 낙찰 받은 금액에서 700만 원가량 더 받고 싶다고 이야기를 하니, 그 가격이면 누구든지 붙일 수 있단다. 아무리 1층이어도 시세에 비해 좋은 가격이라며 이곳저곳 전화를 하신다. 급매로 현재 경매법정에서 낙찰되는 가격보다 싼 가격을 제시했으니 매수자가 안 나타날 수 없었다.

나 또한 가만있을 수 없어 인터넷 카페, 블로그에 올리기 시작했다. 가격이 누구나 접근하기 쉬운 금액이라 그런지 문의전화가 빗발쳤다. 당장 집을 보러 온다는 사람들이 줄을 서기 시작했다. 할아버지께 미리 전화해서 이번에 잘 성사되면 100만 원을 드린다고 했더니 이미 대문을 열어두셨단다. 집도 깨끗하게 청소하고 문도 활짝 열어 환기를 시켜놓아서 와서 보는 사람마다 너무나 좋다고 한단다. 경매 나왔던 집이긴 하나 낙찰자에게 소유권 이전이 되는 것이 아닌 그냥 집 소유자랑 계약을 한다고 하니 매수자 입장에서도 더 좋아한다(아직까지 경매로 낙찰 받은 집을 매매한다고 하면 싫어하는 사람도 많다).

모두가 만족하는 결과

집은 내놓은 지 이틀 만에 매수자가 결정되었고 되도록 빨리 계약을 하고 싶다고 연락이 왔다. 매매가 이루어지기 전에 매수자에게 이러한 사정을 빠짐없이 이야기해주었다. 매수자 측에서도 무슨 상관이냐며 저렴하게만 사면 그만이라는 입장을 보였다. 이럴수록 실수는 없게 한 번에 해결을 해야 한다.

나는 취하동의서, 위임장, 인감증명서 등 모든 서류를 준비한 뒤 부동산 중개업소로 갔다. 취하를 하면 우리의 변덕쟁이 할아버지가 또 다른 이야기를 하실 수도 있기에 계약서 작성 후 100만 원을 먼저 드렸다. 할아버지는 여러 번 고맙다며 걱정 말라고 하셨다. 다음은 소유자인 며느리에게 가서 서류를 받는 일이 남았다. 소유자를 만나서도 일반매매로 아파트가 매도되어 소유자에게 피해가는 일은 없을 것이라 이야기를 하니, 그제야 소유자도 무엇인가 마음을 놓은 듯한 표정을 지었다. 소유자에게도 100만 원을 쥐어주니 연거푸 고맙다고 인사를 한다.

그렇게 취하는 제때에 모든 일 처리를 마쳤고, 매수자는 정말 싼 가격에 물건을 샀으며, 낙찰자인 나는 돈이 묶이지 않고 단기간에 매매를 할 수 있었고, 소유자나 근저당권자인 임차인 할아버지도 가족 간에 서로 얼굴을 붉히지 않고 좋은 결과로 마무리할 수 있었다.

경매가 외롭고 힘든 것이긴 하다. 하지만 그렇다고 나 혼자만의 이득을 생각하면 절대 수익을 남길 수 없다고 생각한다. 때로는 이사비를 조금 더 주어야 할 때도 있고, 임차인의 입장에서 배려할 줄 알고 도움을 줄 수도 있어야 한다. 이번 물건도 그렇다. 내가 만약 독불장군으로 강제집행을 신청하고 할아버지와 다툼이 있었다면 어떤 결과가 나왔을까? 업무처리야 되었겠지만 한동안 마음의 짐으로 남았을 것이고, 수익을 올렸더라도 기분이 그리 유쾌하진 않았을 듯하다. 또 하나, 최소 몇 달간은 투자금이 묶이면서 다음 투자를 하지 못하게 되었을 것이다.

경매인들은 항상 생각이 깨어 있어야 한다. 남들보다 더 많은 생각과 행동을 해야 한다. 한 가지 방법이 안 될 때에는 또 다른 방법으로 돌파구를 찾을 줄 알아야 한다.

2장

경매와는 또 다른
매력, 공매

2014년 여름, 부동산 대책이 하나하나 발표되면서 실수요자들이 움직이기 시작했다. 1년에 한 번씩 부동산 대책이 등장할 때마다 불나방 모여들 듯이 경매법정 역시 북적거린다. 안타까운 것은 실수요자들이 혼자 오는 것이 아닌 고가낙찰을 유도하는 컨설턴트를 동원하여 함께 온다는 것이다. 컨설팅을 받을 경우 비용을 들인 만큼 결과가 좋아야 하는데, 옆에서 지켜보면 수익보다 손해가 나는 경우가 더 많은 것 같다.

이처럼 경매법정에 컨설팅이 난무하여 사람들이 많이 몰릴 때에는 공매가 또 다른 투자처가 될 수도 있다. 경매컨설팅업체는 공매의 진입장벽을 넘어서기 쉽지 않다. 경매는 인도명령이라는 제도가 있어 명도가 비교적 쉽고 빠르게 끝나지만, 공매는 인도명령이 없어 명도소송을 제기해야 하므로 명도가 그리 녹록지 않기 때문이다. 컨설팅업체에서는 명도를 마쳐야 약정한 수수료도 받고 의뢰받은 업무를 마무리할 수 있는데 긴 시간에 대한 부담으로 공매물건을 회피할 수밖에 없다. 이러한 이유로 공매시장에서는 컨설팅업체의 수가 현저히 적은 편이다.

공매 물건검색을 하던 중 눈에 띄는 물건이 보인다. 어머니의 고향이라 눈에 익은 동네의 아파트인데 대형평수 4개가 한꺼번에 나온 것이다. 조금 이상한 점이 감정가에서 많이 유찰되었는데도 아무도 입찰하지 않고 있다는 것이다. 중소형평형이 아닌 대형평수라 그런 건가? 물건에 심각한 하자가 있는 것일까? 대체 왜 아무도 입찰을 하지 않는 거지? 가격만 저렴하다면 아무런 문제가 보이지 않는데 말이다. 유찰된 원인이 무엇인지 찾으려 계속해서 마우스를 눌러댔다.

매매가 어려운
대형평형을 공략하라

현장에 도착하니 좋아 보이는 아파트가 쭉쭉 뻗어 있다. 베란다가 강변 쪽을 향하고 있어 전망 또한 좋아 보인다. 부동산중개업소에 문의를 하니 여주 지역에서는 제일 선호하는 아파트란다. 그런데 왜 아무도 입찰하지 않는 것일까? 이 아파트의 가장 큰 문제는 대형평형의 거래가 전혀 없다는 것이었다. 부동산중개업소에서 말하기를 대형평수는 분기마다(3개월) 1채씩 거래가 된다고 하였다. 그마저도 저렴하게 급매로 나온 물건만 매도가 가능하고 만약 정상적인 가격을 고수하면 매매가 수월하지 않다는 것이다. 서울이나 부동산 훈풍이지 경기도 외곽지역은 크게 달라진 점이 없다며, 공인중개사는 부정적인 이야기만 늘어놓기 시작했다. 저층이나 고층이나 너나 할 것 없이 거래하기 힘들다는 이야기만 한다. 저렴하게 팔아도 안 되겠냐는 말에 알아서 능력껏 팔아보라는 이야기만 내뱉는다. 1채도 아니고 4채를 매도한다는 것은 도무지 자신이 없단다.

거래가 안 된다면 그 원인을 찾아라

선호하는 아파트가 거래가 안 된다? 단지 대형평형이기 때문일까? 선호하는 아파트가 매도가 안 된다는 것은 대형이라는 점 외에 또 다른 문제가 있을 것만 같았다. 문제를 파고들어보니 답은 고분양가에 있었다. 최초에 분양할 때에 주변보다 높은 가격을 책정하여 분양했는데 아파트 경기가 안 좋아지면서 분양가 이하로 가격이 떨어져버린 것이다. 게다가 주위에 새로 중소형 아파트가 들어서면서 입지가 더욱 좁아졌다. 현 입주자들은 높게 분양을 받았는데, 지금은 분양가보다 가격이 더 떨어졌으니 서로간에 가격 협상이 안 되는 것이다. 분양받은 사람은 최소한 분양가에서 손해보지 않는 범위 내에 매도를 원하고 매입하는 측에서는 주위 시세가 있는데 그 가격에는 매입하지 못한다는 것이다. 서로의 입장이 이해가 되는 부분이다. 매매가 안 되는 이유는 결국 매매가격이라는 것. 그렇다면 다른 매물에 비해 좀 더 차별성 있는 가격을 제시한다면 분명 성과가 있을 것이라는 판단이 들었다. 분양받은 사람들이야 고가에 분양을 받았으니 가격 양보가 힘들겠지만 공매로 저렴하게 낙찰 받을 경우에는 그렇지 않다.

부동산 거래에는 매도와 매수가 있다. 쉽게 이야기하면 파는 사람과 사는 사람이 있다. 파는 사람은 더 높은 가격에 팔려는 것이고 사는 사람은 더 저렴하게 매입하려고 한다. 이러한 이치는 부동산뿐만 아니라 우리가 살아가는 사회의 모든 분야에서 적용된다. 나는 부동산을 매도하면서 한 가지는 지키려고 노력한다. 매도를 하더라도 다음 사람까지 수익을 볼 수 있는 구조를 만들기 위해 매도가격을 낮추는 것이다. 이런 식으로 하면 거래도 잘 될뿐더러 부동산중개업소에서도 더욱 적극적으로 움직여준다. 또 하나, 대형평수에 비해 소형평수가 거래가 잘 되는 것은 사실이다. 하지만 대형평수라고 꼭 거래가 잘 안 된다는 편견은 버려야 한다. 대형평수도 여성들이 원하는 구조와 위치라면 충분히 경쟁력이 있다.

이 아파트의 또 하나 장점은 현재 공실이라는 점이다. 분양한 지 약 4년 정도가 흘렀지만 분양사의 세금미납으로 인해 시청 측에서 법정소송을 제기하였고 승소를 했다. 그 기간이 약 4년가량 흘렀다. 그 동안 아무도 살지 않은 새 아파트이기에 여성들이 더욱 선호할 것이라 예상했다. 시청 측은 부족했던 세금만 채우면 되기에 명도에 대한 부담도 없었다.

4채 전부를 낙찰 받다

많은 분들이 공매를 꺼리는 이유 중 하나가 명도 때문이다. 경매 같은 경우 인도명령이라는 제도가 있지만 공매는 명도소송으로 인해 긴 시간이 걸릴 수도 있기 때문에 공매보다 경매를 더 선호한다. 이번 물건 같은 경우 단점만 극복한다면 충분히 해볼 만한 싸움이 될 것 같았다.

세대수가 좀 더 많은 아파트라면 좋았을 텐데 약 300세대밖에 되지 않는다. 그중 대형평수는 70채 정도 밖에 안 된다. 70채 중 4채를 컨트롤한다는 것은 생각보다 어렵다. 그 동네의 시세를 내가 좌지우지하는 것이기 때문이다. 입찰 전에는 4채 물건에 관해 실수요자가 2명쯤 입찰을 하고 2채 정도만 내게 낙찰된다면 좋겠다는 생각이 들었다. 그런데 어떤 집에 실수요자가 들어올지, 입찰이 아예 안 들어올지는 그 누구도 알지 못한다. 그렇다면 저렴한 가격으로 전부 입찰을 하는 수밖에. 최저가에 금액을 조금만 올려서 4채에 전부 넣어보기로 했다. 누군가 실수요자가 들어온다면 어쩔 수 없는 것이고 4채 중에 1~2채만 낙찰 받자는 생각이었다.

　다음날, 찡~~, 찡~~, 찡~~, 찡~~!

　갑자기 오전에 문자 4개가 연이어 온다. 뭐지? 불안감이 엄습해오기 시작했다. 요즘엔 패찰을 해도 문자가 오는 건가? 메시지를 확인하고 컴퓨터 앞으로 달려갔다. 결과는 4채 전부 낙찰. 빰빠빠라 빰빠빠빠~! 축하드립니다. 공매는 낙찰을 받게 되면 문자가 온다.

　금액도 만만치 않은데 4채를 한 번에 낙찰 받다니. 이 일을 기뻐해야 할지 슬퍼해야 할지 다 받으려고 한 게 아닌데 물릴 수도 없고 입찰보증금을 포기할 수도 없는 노릇이다. 애초의 계획을 변경하기로 했다. 4채를 전부 매도용으로 돌려도 좋겠지만 4채를 한 번에 매도한다는 것이 쉽지는 않았기에 매도에 포커스를 두면서 2채 정도는 월세로 전환하고 2채는 매도를 하기로 계획을 잡았다.

사진	물건기본내역	감정평가액 최저경매가	결과
	• 2014-　　　　　[압류재산-매각] • 14/08/28 (14/08/25 ~ 14/08/27) 아파트 • 대 81.3214㎡ 지분(총면적 20,087.7㎡), 건물 159.133㎡ • 경기 여주시 오학동	410,000,000 287,000,000 291,000,000	낙찰 (70%) (71%)
	• 2014-　　　　　[압류재산-매각] • 14/08/28 (14/08/25 ~ 14/08/27) 아파트 • 대 81.3214㎡ 지분(총면적 20,087.7㎡), 건물 159.133㎡ • 경기 여주시 오학동	410,000,000 287,000,000 292,050,000	낙찰 (70%) (71.2%)
	• 2014-　　　　　[압류재산-매각] • 14/08/28 (14/08/25 ~ 14/08/27) 아파트 • 대 81.3214㎡ 지분(총면적 20,087.7㎡), 건물 159.133㎡ • 경기 여주시 오학동	410,000,000 287,000,000 293,050,000	낙찰 (70%) (71.5%)
	• 2014-　　　　　[압류재산-매각] • 14/08/28 (14/08/25 ~ 14/08/27) 아파트 • 대 81.3214㎡ 지분(총면적 20,087.7㎡), 건물 159.133㎡ • 경기 여주시 오학동	410,000,000 287,000,000 293,000,000	낙찰 (70%) (71.5%)

실투자금
줄이기

대출을 알아보던 중 뜻밖의 소식이 들려왔다. 현 아파트의 경우 KB시세가 높게 형성되어 있어서 대출이 많이 실행될 수 있다는 것이었다. 아파트 같은 경우 KB시세와 낙찰가격을 산출하여 대출을 해주는 경우가 많이 있는데, 낙찰 받은 아파트의 경우 KB시세가 현저히 높아 낙찰가격 대비 90% 이상 대출이 가능하다는 것이다.

> TIP 일반 아파트의 대출도 KB시세를 기준으로 대출을 해주는 곳이 많이 있다. KB시세 같은 경우 국민은행 홈페이지나 'KB시세'로 검색하면 쉽게 찾아볼 수 있다.

기준월	매매가		
	하위 평균가	일반 평균가	상위 평균가
2014. 12	36,500	39,500	42,000
2014. 11	36,500	39,500	42,000
2014. 10	36,500	39,500	42,000
2014. 09	36,500	39,500	42,000

(KB시세 기준. 단위: 천 원)

4건의 아파트 모두 95~100%까지 대출이 나온다고 하니 레버리지를 최대한 이용했을 경우 최소한의 현금으로 투자가 가능하게 되었다.

낙찰가(293,000,000원) − 대출(278,350,000원)(95%))
=한 채당 실투자금(14,650,000원)

실투자금×4채=58,600,000원

4채 가격이 약 12억 원가량 되는 아파트를 현금 6천만 원이 채 안 되는 금액으로 구입하게 되는 것이다. (사실 낙찰가의 100% 수준으로 대출이 실행된 아파트도 있어 실제로는 더 적었다.)

경매는 금융과 매우 밀접한 관계가 있다. 얼마만큼의 레버리지를 활용하느냐에 따라 투자금이 차이가 나기에, 계속해서 신경 쓰는 부분이 최소한의 종자돈을 투입시키는 부분이다. 부동산경매를 한다고 해서 고금리의 무리한 대출까지 감수하며 투자를 하지 않는다. 계획적으로 대출을 잘 활용한다면 레버리지라는 말에 걸맞게 더욱 높은 수익을 올릴 수 있고, 적은 금액으로 여러 건의 투자가 가능하다.

대형평형도 노력하면 매매가 된다

대출금액이 적지 않아 한 채당 이자를 80만 원으로 계산했을 때 4채의 한 달 이자는 약 320만 원 정도 되었다. 하루라도 빠른 시간 안에 매도를 해야만 되는 상황이다. 그래서 내가 할 수 있는 매매방법을 총 동원하기로 했다.

부동산중개업소에 내놓기

먼저, 명도할 필요가 없었기에 부동산중개업소에 매물을 내놓기 시작했다. 시세보다 좀 더 저렴하게 가격적인 장점을 충분히 인지시켜주었다.

인터넷 카페에 올리기

요즘은 다들 바쁜 시대이다. 시간을 아끼기 위해 직접 집을 보러 오기 전에 인터넷으로 집 구조가 어떠한지, 시세가 어떠한지 시장조사를 마치고 온다. 그렇기에 인터넷 마케팅은 그 어떤 것보다 효과가 좋다. 인터넷 마케팅을 하기 위해서는 사진을 잘 찍어 올리는 것이 포인트이다. 누가 봐도 살고 싶은 집이라는 생각이 들도록 사진을 찍어야 한다. 물론 사진에 보이는 만큼이나 기본적으로 집이 잘 꾸며져 있어야 한다.

홍보 현수막 내걸기

낙찰 받자마자 현수막을 내 걸었다. 현수막을 걸기 위해서는 미리 예약을 해야 하는데 예약은 현수막을 주문받는 곳에서 해주는 경우가 대부분이다. 현수막만 했을 때의 가격은 약 3~5만 원가량이며, 좋은 위치에 내걸었을 때에는 10만 원 내외 정도이다. 현수막에 파격적인 요건을 내 걸어 사람들의 눈에 잘 보이는 곳에 걸어두었을 때의 효과는 상상 이상이다. 현수막이 걸려 있는 동안 다른 업무를 보지 못할 정도로 전화가 왔다.

결과는 정말 퍼펙트했다. 부동산중개업소에 내놓은 뒤 한 달 만에 매도 3채, 임대 1채의 계약을 성사시키며 아주 완벽한 마무리가 되는 듯했다.

발목 잡는 관리비

하지만 잠깐 잊고 있던 한 가지가 내 발목을 잡았다. 그건 바로 관리비. 관리비를 왜 내가 납부해야 하지?
처음 임대로 입주한 임차인이 입주하는 날 전화가 왔다.

임차인: 사장님, 저 오늘 입주하는 입주민인데요. 입주를 저지당했습니다.
족장: 네? 무슨 말씀이세요? 왜 저지를 당해요?
임차인: 관리비가 완납이 안 되어 입주를 할 수 없다는데요?

족장: 잠시만 기다려주세요.

임차인: 네.

아파트처럼 집합건물의 경우 관리비가 항상 발목을 잡는 부분인데 이번에도 역시 관리비가 문제가 됐다. 미납된 관리비는 약 800만 원인데, 공용부분만 800만 원이라는 것이다. 그동안 아무도 입주를 하지 않았기에 전용부분은 지극히 적었다. 낙찰자 입장에서는 3년치만 납입하면 되는 게 아니냐는 주장을 내세웠지만 똑똑하고 얄미운 관리사무소는 이미 판결문도 받아두었기 때문에 체납관리비 전부를 납부하라는 것이었다.

판결문을 받았으면 소송한 곳을 상대로 관리비를 받아야지 왜 우리에게 주장하느냐고 하니 신탁회사나 시행사가 부도가 나서 청구를 할 수 없다는 것이다. 그렇게 되면 특별승계인은 낙찰자가 되는 것이고, 낙찰자가 밀려 있는 관리비를 모두 부담해야 한다는 것이었다. 그것조차 싫으면 입주를 할 수 없다는 것이다. 어떤 상황인지 관리사무소에 이야기해두고 미납된 1채 관리비를 완납 처리하였다. (800만 원을 기필코 찾아오리라.)

다음날 관리사무소를 찾아가 관리소장과 이야기를 나누었다.

족장: 소장님, 관리비는 어떻게 된 거죠? 왜 우리가 납부를 해야 하는 건가요?

소장: 특별승계인이 부담하시는 게 맞다고 생각합니다.

족장: 그렇다면 왜 이전의 특별승계인에게는 안 받으셨나요?

소장: 낙찰자분들에게 한 것과 같이 청구를 했어요. 가압류도 걸고 판결문도 받아 두었구요. 하지만 그 사람들은 입주를 하지 않아서 우리 관리소에서는 아무것도 할 수 없었습니다.

족장: 그 사람들 재산에 가압류를 걸어버리면 되는 것 아닌가요?

소장: 그곳은 법인 회사입니다. 지금은 망해서 없어졌고요. 그러다보니 저희 측에서는 낙찰자에게 요구할 수밖에 없습니다. 혹시나 관리소 측에서 도움을 드릴 수 있는 것이 있으면 드리도록 하겠습니다. 판결문 등을 원하시면 전부 드리도록 할 테니 관리비 납부 부탁드립니다.

족장: 네, 알겠습니다.

이 아파트의 시행사(신탁회사)나 건설을 한 시공사가 현재 없었다. 건설사는 부도가 나고 시행사 역시 소리 소문 없이 사라져버렸다. 그러다보니 관리사무소에서도 관리비를 받지 못했고 그 어떤 곳에도 청구를 할 수 없는 상황이 돼버린 것이다. 낙찰자가 억울하긴 하나 관리소도 분명 피해자가 된 것이다. 어떻게 이 일을 풀어가야 할지 막막하기만 했다. 4채면 총 3,200만 원 가량 되는데 관리비를 납부하더라도 다시 누군가에게 받아내는 것이 사실상 어렵게 되었다.

그렇다면 관리비를 양도세 혜택으로 돌리면 어떻게 될까? 관리비를 양도세로 면제받을 수만 있다면 그나마 위안이 될것 같았다. 판례를 찾아보니 이 상황에 딱 맞는 판례가 있었다.

[직전소송사건번호] 서울고등법원2012누3608 (2012.11.15)
[전심사건번호] 조심2010중4030 (2011.04.21)

[제 목]
건물을 경락받은 후 불가피하게 전 소유자가 체납한 관리비를 지급하여 필요경비에 해당함

[요 지]
건물 낙찰로 인하여 전 소유자가 부담하는 공용부분 체납관리비 납부의무를 법적으로 승계하였고 전 소유자로부터 상환받을 가망이 없는 점, 단전 · 단수 등의 조치를 피하기 위해 부득이하게 체납관리비를 납부한 점 등에 비추어 매입가액에 가산되는 부대비용으로서 필요경비에 해당함

현재는 전 소유자가 없는 상태로 그 누구에도 관리비를 받을 수 없었기에, 판례를 적용시켜 양도세 신고를 하였고 판례대로 양도세 혜택을 받을 수 있었다. 관리비 같은 경우 수많은 판례가 있다. 공용부분은 낙찰자가 부담한다는 판례를 가지고 임차인이나 소유자가 많이들 이야기하니, 관리소에서도 낙찰자가 빚쟁이인 듯 관리비를 요구한다.

하지만 그것은 잘못된 상식이다. 공용부분을 낙찰자가 부담해야 한다는 판례의 대부분은 점유자가 도저히 관리비 납부가 어려울 때에 낙찰자가 부담을 하는 것이지 무조건 낙찰자가 부담하는 것이 아니기 때문이다. 경매인이라면 판례요지를 정확히 알고 접근해야 불필요한 경비를 줄일 수 있다.

족장

아파트 낙찰 잘 받는 방법

1. 정확한 시세를 파악해야 한다.

아파트 시세 파악을 할 때에는 해당 동의 시세를 파악해야 한다. 같은 아파트라고 해서 시세가 동일하지 않기 때문이다. 전망이 더 좋은 층, 소음이 나지 않는 동이 있기에 입주민들이 선호하는 동이 어딘지 확실히 알아본 후 입찰에 참가한다면 다른 이들보다 차별화된 투자가 가능하다.

2. 대형평형을 공략하라.

경쟁자가 많은 중소형 아파트보다는 대형평형을 공략하는 것이 낙찰 받기가 수월하다. 중소형 같은 경우 전셋값이 많이 상승하다보니, 낙찰을 받은 후 전세를 내주고 2년 뒤에 시세차익을 보고 매도를 하는 전세투자가 많아 낙찰 받기가 더 힘들어진 것이 사실이다. 반면에 대형평형은 투자금이 많이 묶이기 때문에 전세투자가 사실상 불가능하다. 따라서 경매에서 수요가 풍부한 대형평형을 고르는 것도 한 방법이다.

3. 로얄층보다는 저층이나 꼭대기층을 공략하라.

내게 좋아 보이면 다른 사람들에게도 좋아 보이는 법이다. 내가 직접 거주하기 위해서 경매에 입찰하는 경우도 있지만 그렇지 않은 경우에는 굳이 좋은 동, 좋은 층수에 많은 경쟁자들과 다투며 입찰할 필요는 없다. 선호하지 않는 동이라고 해서 매도가 안 되는 것은 아니기 때문이다. 이런 경우 다른 곳보다 조금은 저렴하게 낙찰을 받아, 저렴하게 매도를 하면 더욱 빠른 속도로 매도가 되기도 한다.

4. 부동산 거품이 꺼진 곳을 공략하라.

예전에는 분양권만으로 많은 수익을 거둬들이는 때가 있었다. 어떤 경우든지 처음 시작하는 사람은 많은 수익을 내는 반면 시간이 지날수록 뒤에 들어간 사람은 수익이 점점 줄어든다. 수익을 냈다는 달콤한 말만 듣고 묻지마 투자를 하다보니, 주변시세보다 높은 가격으로 분양 받는 사람이 많아지게 되었고, 거품이 꺼지자 가격이 폭락한 아파트까지 생겨났다. 8억 원 아파트가 반 토막 가까이 떨어져 5억 원대까지 거래되기 시작했고, 많은 아파트가 한 번도 손바뀜이 되지도 못한 채 경매로 나오곤 한다.

묻지마 투자로 분양을 받은 사람들에게는 힘든 시간이 되겠지만, 투자자의 입장에서는 또 다른 기회가 된다. 한 번에 많은 매물이 쏟아지면 누구든 입찰하기 꺼려하기 때문이다. 매물이 많이 나오니 매매거래가 안 된다고 생각하기에 경쟁이 덜해진다. 하지만 이런 아파트라도 시세보다 저렴하게 매도할 경우 매매는 이뤄진다(대부분 매매가 되지 않는 원인은 가격에 있다).

5. 거래가 안 되는 곳을 공략하라.

괜찮아 보이면서도 거래가 안 되는 곳은 여러 가지 이유가 있다. 대형평형, 혐오시설, 지하주차장과 엘리베이터의 연결이 안 되어 있는 경우, 불난 집 등등. 흔히 경매 전문가들이 말하는 낙찰 받지 말아야 하는 케이스다. 하지만 이런 곳은 대책 없이 높은 가격에 낙찰 받을 경우 문제되는 것이지, 거래가 안 되는 이유를 알고 입찰하는 경우에는 문제될 것이 전혀 없다. 그만큼 보수적으로 입찰가를 선정하여, 입찰을 하더라도 남들이 꺼려하는 만큼 저렴한 가격으로 공격하면 낙찰을 받을 수 있다(안 좋더라도 싸게 팔면 팔린다).

6. 꾸준히 입찰하라.

경매를 시작하는 사람들이 처음 입찰하는 대상은 대부분 아파트다. 초보자들이 아파트에 입찰하는 이유는 여러 가지가 있겠지만 매매가 수월하기 때문에 쉽게 한 사이클을 경험해보기에 적당하기 때문이다. 그런데 아파트를 임장할 때 처음에 한 번만 꼼꼼히 해두면, 같은 단지의 다른 물건이 나왔을 때 간단하게 입찰할 수 있다. 또한 꾸준히 입찰을 할 경우 생각지도 못한 저렴한 금액에 낙찰을 받는 경우가 종종 있다.

7. 동료를 만들어 함께하라.

평소에 친분이 있는 사람들끼리 돈을 모아 투자를 하는 방법, 즉 공동투자이다. 예를 들어 1인당 5천만 원씩 4명이 한 조를 이루어 2억 원을 만든 뒤 각자 경매가 실시되는 법원에서 입찰하는 것이다. 여러 법원에서 경매가 진행되기에 4명이 각자 흩어져 입찰을 하는 방식이다. 이 경우 특수물건보다는 아파트를 위주로 입찰하는 것이 좋다.

3장

수익형 부동산으로
만든 연금복권

일을 하지 않아도 매달 현금을 만들어내는 시스템

한동안 이슈가 되었던 '연금복권'이라는 것에 관해 한 번씩 들어봤을 것이다. 이 복권에 당첨되면 당첨금을 일시불로 지급하지 않고, 한 달에 500만 원씩 20년 동안 지급하게 만들어졌다. 노후가 불안한 일반인에게 얼마나 꿈같은 일인가?

이렇게 연금복권이 혹할 만한 상품인 것은 알지만 나는 아직 한 번도 구매해본 적이 없다. 왜냐하면 굳이 복권에 연연하지 않더라도 경매투자로 연금복권 정도 수준의 월세를 받을 수 있는 수익형 부동산을 가질 수 있기 때문이다. 실제로 나는 매달 연금복권만큼의 수익을 벌어다주는 수익형 부동산을 소유하고 있으며, 복권 당첨금보다 더 많은 금액을 꾸준히 안겨주고 있다.

내가 부동산경매에 입문하며 세웠던 목표 중 첫 번째는 가족들과 최대한 많은 시간을 보내는 것이었다. 일을 핑계로 가족도 뒤로한 채 일, 일, 일에만 매달리는 것은 생각만 해도 너무나 끔찍했다. 그렇게 일만 하여 돈을 버는 궁극적인 목적이 무엇인가? 대부분 가족들을 행복하게 해주기 위해서다. 하지만 현실은 어떠한가? 매일 힘겹게 출근하여 근무하다보니 피곤을 견뎌내지 못하고, 주말에는 텔레비전을 보거나 잠만 자기 일쑤다. 일주일 중 6일을 일하고 하루를 쉰다. 정확하게 말하자면 6일을 일하기 위해 하루를 쉬는 것이다. 항상 아내와 아이들에게 미안한 마음을 가지고 있지만 그런 생각은 잠깐일 뿐이다.

그렇게 하루하루 지나다보면 1년, 2년 시간이 지나고 10년, 20년이 금방 지나간다. 젊음을 다 써버리고 나면 그 다음에는 뭐가 있는가? 초라한 내 자신만 남게 된다. 왜 그때 우리 아이들과 함께 있어주지 못했을까, 왜 우리 아이들과 여행 한 번 가지 못했을까, 왜 더 많은 시간을 부인과 아이들에게 쓰지 못했을까. 뒤늦게 후회한들 아무런 소용이 없다. 아쉽지만 이게 우리네 현실이다.

나는 남들보다 빨리 경제적 자유를 얻어야 한다는 생각이 컸다. 그러기 위해서는 일을 하지 않아도 매달 월세가 나오는 수익형 부동산이 필요했다. 사회에 첫 발을 내딛고 나서 처음 생각한 것은 돈을 벌어다주는 누군가가 있으면 좋겠다는 거였다. 굳이 내가 일하지 않아도 누군가 나를 위해 일을 해주고 꼬박꼬박 월급이 들어오는 그러한 시스템이 구축되면 좋겠다는 생각을 하곤 했다.

지금 그 목표는 이루어졌고 일을 하지 않아도 수익을 주는 수익형 부동산이 있다. 한 달, 한 달 힘들게 노동을 하지 않아도 누군가가 돈을 벌어 통장에 입금을 해준다. 참 신기하지 않은가? 어떤 사람은 한 달을 꼬박 일을 해야 300만 원을 벌고, 어떤 사람은 가족과 여행을 다니며 여유로운 생활을 하면서 한 달에 500만 원을 번다.

당신은 어떤 삶을 원하는가? 300만 원의 삶보다는 500만 원의 삶을 원할 것이고, 노동을 하는 것보다는 아이들과 여행을 다니는데도 일정 수입이 생기는 삶이 좋을 것이다. 이러한 시스템은 현실에서 쉽게 상상되지 않기에 일반인에게는 말 그대로 환상이다. 남들은 다들 어렵다고 생각하고 접근조차 하지 못하지만 그렇게 어려운 것일까? 정말 어려운 일이었다면 평생 운동만 한 사람이 단 몇 년의 노력으로 그러한 시스템을 만들지 못했을 것이다.

상가의 매력에
빠지다

　많은 분들이 상가는 왠지 엄청 비쌀 것 같고 악덕 임차인이 들어올 것 같다고들 이야기한다. 사람은 보호 본능 때문에라도 긍정적인 생각보다 안 좋은 방향으로 생각하는 경향이 있다. 그런데 상가 가격이 저렴하며, 장사 수완까지 갖춘 임차인이 들어와 건물 가치를 상승시켜준다면 어떻게 되겠는가? 수익형 부동산에는 여러 종류가 있는데 그 중에서 상가는 아파트나 원룸 월세를 받는 것과는 또 다른 매력이 있다.

1) 상가임차인은 입주 시 투자한 인테리어 비용이 있어서 한번 계약하면 오래 유지하는 편이다.
   (아파트나 원룸 같은 경우 1년에 한 번씩 바뀌는 경우가 많다.)
2) 상가 같은 경우 주인이 임차인에게 따로 해줄 게 없다.
   (아파트나 원룸 같은 경우 세입자가 입주 시 기본적으로 도배나 장판을 해줘야 한다.)
3) 아파트, 원룸 같은 경우 대부분 세입자가 갑의 위치에 있지만 상가 같은 경우는 건물주가 갑인 경우가 대부분이다. 권리금이 형성되어 있기 때문이다.

4) 임대료 차이가 많이 난다.

> (아파트처럼 주거형 건물의 경우 월세에서 대출이자를 뺀 나머지 잉여금이 얼마 안 된 다. 하지만 상가의 경우 수익률은 주거형 건물에 비해 높은 편이다.)

이런 이유로 수익형 부동산으로 상가가 단연 으뜸 대상이다. 사실 상가 는 누구에게나 충분히 매력 있는 투자처이다.

은행에 맡기는 것보다 부동산 수익이 훨씬 높다

금융위기 이후 연일 매스컴에서 은행 이자가 내려간다고 하니 아우성 이다. 은행에 1억 원을 예치하더라도 한 달 이자는 고작 20만 원 수준이다. 이렇게 저금리 시대에 1억 원을 예치할 것인지 아니면 임대수익이 나오는 부동산을 매입할 것인지 신중히 생각해봐야 한다.

지금껏 경매투자를 하면서 상가는 큰 수익을 준 물건들이 많았다. 상가 의 종류는 근린시설이나 근린주택, 상가주택처럼 여러 형태가 있는데, 이 러한 것들은 가격이 높은 편이어서 종자돈이 없던 시절 접근하기 힘들었 다. 그래서 투자 초기에는 이런 물건들보다 각 호수로 하나씩 나뉘어 있는 근린상가로 눈을 돌렸다. 그때는 상가가 낯선 분야이므로 잘 아는 곳을 중 심으로 검색을 시작했다. 그런데 마음에 드는 상가를 찾는 일이 쉽지 않았 다. 수도권만큼 지방의 낙찰가도 매우 과열 분위기였기 때문에 겉보기에 월세를 충분히 받을 수 있어 보이는 상가는 경쟁이 치열했다. 그래서 경쟁자들과 조금 다른 시선으로 바라볼 필요가 있었다.

남들이 다 하는 것이 아닌 남들이 하지 않는 것, 또는 많이 유찰되지 않았더라도 수익이 나는 물건을 검색하기 시작했다. 수익률이 좋고, 내 투자금이 많이 묶이지 않을 곳, 공실 위험이 최대한 없는 곳. 그런 곳을 찾던 중 한 곳이 딱 눈에 들어왔다.

그것은 바로 유! 흥! 주! 점. 말로만 듣던 유흥주점이었다. 위치는 다소 높은 층수지만 시내의 중심에 있었다. 유동인구가 많으며 도심 중에도 메인 도심에 있는 물건이었다. 유료경매사이트에서 임차인의 보증금과 월세를 확인해본 결과 현재 최저가격 대비 괜찮은 수준이었다. 다만 신경쓰이는 부분은 유흥주점이라는 것이다. 그런데 역으로 생각해보면 유흥주점이다 보니 경쟁자가 크게 많지 않을 것 같았다. 게다가 유치권신고까지 된 상태여서 누구든 입찰을 더 꺼릴 것이라 생각했다.

유흥주점 임장도
특별하지 않다

　처음에는 상가 경험이 많지 않은 내가 과연 유흥주점에 관해 잘 풀어나
갈 수 있을지 스스로도 의문이었다. 유흥주점에 들어가면 검은 양복 차림
에 무섭게 생긴 덩치들이 날 밖으로 불러내는 건 아닐까? 솔직히 많은 걱
정들이 교차했지만 입찰에 대한 의지를 꺾을 수는 없었다.

　단 하나 걸림돌은 나와 아주 먼 곳에 위치해 있다는 것이다. 경남 창원
시인데 서울에서 버스를 타고 가면 4시간 30분 거리이다. 그래도 몇 번의
수고를 한다면 한 달에 100만 원이 넘는 월세가 들어오는데 그깟 4시간 30
분이 문제가 되지 않을 것이라 생각했다. 임장 한 번, 낙찰 받을 때 한 번,
명도 할 때 한 번, 임차인 들어올 때 한 번이면 족하다.

　마음속으로 여러 장벽들을 합리화시킨 후 입찰을 결심했다.

　입찰 전 꼼꼼한 조사를 했다. 주변 상가 시세라든지 공실률, 상가의 위
치, 임대료 등 여러 가지 변수에 관해 정리를 했다. 낮부터 시작된 임장이
이곳저곳을 다녀보다 금세 밤이 되었다. 거리에는 하나둘 번쩍거리는 불
이 들어오기 시작했다. 지방일지라도 서울 시내 한복판을 연상시킬 만큼

화려하다. 여기가 정말 창원인지 의심스러울 정도로 말이다. 말로만 듣던 요즘 핫한 동네인 창원. 창원의 강남이라 불리는 상남동이다. 사람들이 북적거리고, 간판은 더 밝게 뽐내듯이 번쩍거린다. 물건지 앞에 서서 장차 내 건물(?)이 될 상가의 장사가 잘 되는지 유심히 지켜보았다. 영업을 하는 중이었는지 깜박깜박 간판 불빛이 반짝이며 날 반겨주는 듯했다.

임차인을 만나기 전 어떤 식으로 이야기를 풀어나갈지 고민을 했다. 낙찰 후 재임대를 할 수도, 명도를 할 수도 있겠지만 첫 단추를 잘 끼워야 한다. 서울에서 창원으로 내려가는 동안 계속해서 이미지트레이닝을 했다. 임차인을 만났을 때 당황하거나 긴장하면 머릿속이 하얗게 지워진 느낌이 들기 때문에 확실하게 집중을 하고 임차인을 만나야 한다. 행여 말을 더듬는다거나 지식이 조금 부족하다는 판단이 들면 임차인 측에서도 무시하기 시작한다. 내가 리드를 해나가야 하는 첫 미팅에서 우스운 사람이 될 수도 있다.

경매는 기 싸움도 무시 못한다. 기 싸움에서 지게 되면 나중에 임차인을 명도할 때 낙찰자가 원하는 방향으로 핸들링하지 못하게 된다. 첫 단추가 그만큼 중요하다는 것이다. 호랑이를 잡으려면 호랑이굴로 들어가야 한다. 도착한 후 긴 호흡과 함께 문을 박차고 들어갔다.

"어서 오세요."

종업원이 내가 손님인 줄 알고 반겨준다. 그런데 종업원도 느낌이 달랐는지 갑자기 날 멀뚱멀뚱 쳐다본다.

종업원: 무슨 일이세요?

족장: 안녕하세요. 경매 때문에 왔습니다. 사장님 좀 만나뵐 수 있을까요?

종업원: 왜요?

족장: (왜요? 경매 때문이라니까.) 사장님이 안 계신가봐요?

종업원: 잠시만요.

종업원: 잠시만 룸에 들어가 계세요.

족장: 네? 아, 네. (룸에 들어갈 줄은 알았지만 막상 들어가야 하니 겁이 나기도 한다. 그래도 어떻게 하랴. 들어가야지. 여기서 그냥 나갈 수도 없고.)

5분 뒤.

임차인: 안녕하세요.

족장: (어? 여자분이네.) 네, 안녕하세요.

임차인: 무슨 일로 이렇게 오셨나요?

족장: 아시겠지만 현재 이 상가가 경매로 나와 있습니다. 물론 이렇게 불쑥 찾아오게 되면 사장님께서 많이 불편하신 것 잘 알고 있습니다. 사업장에 찾아와 이야기하는 것도 기분이 나쁘실 거구요. 하지만 사장님도 아셔야 하는 부분이 있고 저 또한 여쭈어볼 게 있어 실례인지 알면서도 이렇게 찾아오게 되었습니다.

임차인: 원하시는 게 뭔가요? 낙찰 받지도 않았는데 이렇게 오셔도 되는 건가요?

족장: 아니, 절대 오해는 하지 마세요. 제가 낙찰을 받는다면 와서 만나뵈야 할 것이고 사장님의 피해금액 또한 대충 어느 정도인지를 알아야지만 제가 낙찰가도 산정할 수 있습니다. 조사 하나 하지 않고 그

냥 와서 나가라고 하면 나가시겠습니까? 보증금은 손해를 보시더라 도 권리금 정도는 제가 지켜드릴 수 있습니다. 저 또한 불편한 자리인 줄 아나 사장님과 마찰을 최대한 줄이기 위해서 서울에서 여기까지 내려온 것입니다. 불편하시겠지만 조금만 시간을 내주셔서 이야기해 주셨으면 좋겠습니다.

임차인: 네, 궁금한 게 무엇이신가요? 이야기해보세요.

족장: 네, 사장님의 현재 보증금과 월세가 어느 정도 되는지 궁금합니다. 사장님께서 혹시나 배당을 받아갈 수 있는지 알아보기 위해서입니다. 배당을 받아가는 것과 못 받는 것은 상당한 차이가 있기에 다른 곳에 가서 이야기하거나 그런 일은 없을 것입니다.

임차인: 네, 지금 1,500만 원에 200만 원을 내고 있습니다.

족장: 그러시군요. 저 그리고 유치권이 설정되어 있던데요.

임차인: 제가 신고했습니다.

족장: 제가 알기로는 여기 권리금 대신으로 설정해두신 것이라던데요? (슬쩍 떠본다.) 맞나요?

임차인: 그런 건 이야기하면 안 된다고 하던데요?

족장: 어차피 법으로 가면 다 나오게 되어 있습니다. 지금 이야기 안 하 신다고 한들 숨겨지는 것이 아닙니다.

임차인: 네, 제가 권리금식으로 유치권을 설정해놓은 것입니다. (여기까 지 녹음 완료!)

족장: 그러시군요. 지금 상황을 보니 보증금을 전부 받기는 힘들 것 같습 니다. 하지만 제가 낙찰을 받게 되면 사장님께서 영업을 계속 하실 수 있도록 하고, 권리금도 사장님께서 손해보지 않게 도와드리겠습니다.

그런데 혹시 제가 낙찰 받게 되면 계속 영업하실 생각이 있으신가요?

임차인: 하는 쪽으로 생각해볼게요.

족장: 네, 감사합니다. 바쁘실 텐데 시간을 너무 빼앗아 죄송합니다. 참, 저 말고 찾아온 사람이 있었던가요?

임차인: 아니요, 처음이에요. 저야 말로 상세히 가르쳐주셔서 감사합니다.

족장: 별말씀을요. 그렇게 생각해주시니 제가 감사하죠. 그럼 다시 연락 드리도록 하겠습니다.

그렇게 명함을 주고받은 뒤 밖으로 나왔다. 등골이 오싹하고 등줄기에 땀이 나기 시작했다. 그제야 긴장이 풀리나보다. 어떤 대화를 나누었는지 기억도 가물가물하다. 임차인이 말이 통하지 않는 그런 사람이 아니라는 것, 유치권은 권리금식으로 설정해두었다는 것. 두 가지는 확실해졌다. 기대했던 것보다 더 많은 성과를 거두었다. 다시 서울로 입성. 일이 너무 쉽게 풀리는 것 같았다. 그리고 낙찰기일이 점점 다가왔다.

입찰 하루 전 다시 한 번 임차인에게 전화를 걸었다.

족장: 안녕하세요, 사장님. 지난번에 찾아뵈었던 차원희입니다. 혹시 그때 저 다녀간 이후로 누구 찾아온 사람이 있던가요?

임차인: 아니요, 밖에서 서성거리는 사람은 몇 번 보긴 했는데 들어와 이렇게 물었던 사람은 한 사람도 없었습니다.

족장: 아, 그런가요? 네, 감사합니다.

이 물건은 임차인과 직접 대화를 나누지 않고 입찰하기에 무리가 있는 물건이다. 직접 찾아온 사람이 없다는 것이 확인되자 낙찰의 기운을 살짝 느낄 수 있었다.

상가는 임차인의 매출을 파악한 후 입찰하라

임차인의 말만 듣고 입찰하면 오판하는 경우도 발생한다(임차인의 입장에 따라 매출이 더 나오기도 덜 나오기도 하는 일이 다반사여서). 상가를 입찰하기 전 먼저 체크해야 할 일은 해당 상가의 매출이 얼마나 나오는지 파악하는 것이다. 임차인도 어느 정도의 수익구조가 나와야지 재계약을 할 수 있는 것이고 낙찰자 입장에서도 조정할 수 있었다. 임차인의 매출을 알 수 있는 방법이 어떠한 것이 있을까 곰곰이 생각해보았다. 단란주점이라 그러면 제일 잘 팔리는 것이 뭘까 생각했다. 답은 당연히 술이었다. 그렇다면 해당 소재지의 술 납품업체에다 연락을 해보면 좋겠다는 생각이 들었다. 술 납품업체에 이야기해 얼마만큼의 술이 들어가는지 조사를 해봤더니, 내가 생각했던 것보다 많은 양의 술이 팔렸다(모텔 임장 시에는 1회용품 납품회사에 알아보는 것이 좋다).

생각보다 장사가 잘 된다는 것을 확인했기에 최종 입찰을 하기로 마음먹었다. 조사한 게 아깝기도 하고 경쟁률도 그렇게 많지 않을 것이기 때문이었다. 처음에는 유흥주점이고 많은 사람들이 꺼려하는 물건이기에 낙찰가 선정을 어떻게 할까 고민하다가, 유흥주점이긴 하나 위치가 아주 좋은 자리에 있기 때문에 낙찰가격을 높이기로 했다. 고민 끝에 전날 낙찰가 선정. 입찰 당일 새벽에 일어나 창원 법원으로 향하였다.

도착하니 10시 30분 쯤, 그런데 이상하다. 여기 당연히 있을 것이라 생각했던 것이 없다. 그것은 바로 은행이다. 신한은행! 신한은행이 없는 것이다. 대부분 법원 안에 신한은행이 있다. 그런데 여기 창원법원에는 없었다. 갑자기 어떻게 할지 난감했다. 입찰봉투 넣기까지 남은 시간은 약 1시간. 우선 법원 안에 있는 은행이 어떤 은행인지를 파악했다. 창원법원에는 경남은행이 선점해 있었다. 급히 경남은행통장을 만들었다. 통장을 만든 후 계좌이체를 했더니 하루 이체한도 초과란다. 큰일이다. 입찰 보증금 1천만 원이 모자란다. 1천만 원이 적은 돈도 아니고 어떻게 해야 하나, 이리저리 전화하다가 결국엔 부모님께 SOS를 청했다. 다행이 부모님께서 나머지 입찰 보증금을 보내주셨고 입찰 마감 5분 전 땀에 흠뻑 젖어서 입찰을 하게 되었다. 집행관이 이 광경을 유심히 보더니 "대체 무슨 물건인데 그렇게 뛰어다니십니까? 낙찰 꼭 받으셔야겠네." 하고 장난스럽게 말씀하신다. 난 멋쩍은 웃음을 지으며 "감사합니다" 하고는 내 순서를 기다렸다.

드디어 한 명, 한 명 호명이 되어 낙찰을 받아갔고 내 차례가 돌아왔다.

"2013타경XXXX물건, 입찰자는 2명입니다. 1등과 2등의 차이는 400만 원가량이며, 최고가매수인은 거제시에 사는 ○○○ 씨 대리인 차원희입니다."

소 재 지	경상남도 창원시 성산구 상남동		도로명주소검색				
물건종별	근린상가	감 정 가	260,000,000원	오늘조회: 1 2주누적: 0 2주평균: 0			조회동향
대 지 권	31.23㎡(9.447평)	최 저 가	(80%) 208,000,000원	구분	입찰기일	최저매각가격	결과
				1차	2013-03-06	260,000,000원	유찰
건물면적	143.5㎡(43.409평)	보 증 금	(10%) 20,800,000원	2차	2013-04-05	208,000,000원	
매각물건	토지·건물 일괄매각	소 유 자	김희	낙찰 : 217,850,000원 (83.79%)			
개시결정	2012-09-12	채 무 자	성(주)	(입찰2명,낙찰 2등입찰가 213,999,000원)			
				매각결정기일 : 2013.04.12 - 매각허가결정			
사 건 명	임의경매	채 권 자	전문유 한회사	대금지급기한 : 2013.05.13			
				대금납부 2013.04.26 / 배당기일 2013.06.04			
				배당종결 2013.06.04			

어, 내가 1등이네? 일단 낙찰서류를 쓰고 밖으로 나오는데 세리머니를 해주는 것처럼 많은 분들이 대출명함을 막 넣어주신다. 이것도 낙찰 받은 사람의 특권이다. 패찰된 사람은 대출명함도 안 주니 말이다.

물건이 원거리에 있기에 바로 서울로 올라가지 않고 먼저 임차인을 만나러 갔다. 아직 잔금을 납부한 것은 아니지만 임차인의 생각을 들어보고 잔금납부기일도 잡아보는 것이 좋겠다는 생각이었다. 잔금납부를 하지 않았을 때야 실제 이자가 들어가지 않지만, 잔금납부를 하게 되면 그때부터는 이자 납부에 대한 부담감이 생긴다. 물론 입찰보증금이 법원에 보관되긴 하지만 그래도 그 정도는 이해해주어야 하지 않겠는가.

임차인에게 전화를 걸었다. 너무 이른 시간일까? 전화를 받지 않는다. 밤늦게까지 일을 하다 보니 전화를 안 받나보다. 서울로 올라갔다가 다시 내려올 수도 없는 일이기도 하고, 임차인과 이야기가 되었던 사항들도 있으니 최대한 빠른 시간 안에 합의점과 향후 방향에 대해서 이야기해야 했다. 2시, 3시, 4시, 5시, 전화를 안 받는다. 6시, 7시, 드디어 전화가 연결됐다.

족장: 안녕하세요, 족장입니다.

임차인: 네, 안녕하세요. 어떻게 되셨나요?

족장: 제가 낙찰을 받았습니다. 혹시 지금 사장님을 만날 수 있을까요??

임차인: 네, 그럼 9시까지 가게로 오세요.

족장: 네, 9시요? 알겠습니다.

9시 10분쯤 가게에 도착했다. 보통 일부러 10분 정도 늦게 가는 편이긴 하다. 너무 일찍 가서 기다리면 왠지 초조하기도 하고 급할 게 없다는 생각으로 항상 이미지 트레이닝을 한 후 임차인을 만나는 편이다. 가게에 올라가니 오늘은 종업원이 아닌 임차인이 나를 직접 반겨준다.

임차인: 지난번 그 룸으로 들어가시죠.

족장: (저 룸은 두 번째인데도 무섭기는 매한가지다. 어? 그런데 처음 보는 남자가 한 명 있다.) 저, 누구세요?

남자: 이 가게 주인입니다.

족장: ???

남자: 이 가게 주인이라고요?

족장: 여기 계신 분이 가게 주인이 아닌가요?

남자: 아닙니다. 여긴 제가 임차한 가게고, 여기 집기 또한 전부 제 것입니다.

족장: 그럼 이분은 누구신가요?

남자: 제가 임대를 받아 다시 임대를 내어준 것입니다.

그제야 대충 어떤 식인지 이해가 갔다. 내가 알고 있는 임차인은 전전세로 들어와 장사를 하는 사람이고, 지금 내 앞에 있는 이 남성이 건물주와

계약한 후 처음 3년 가량 장사를 직접 하다가 다른 곳에 가서 장사를 하고, 이 점포는 전전세를 주어 임대료를 받는 형식으로 되어 있었던 것이다. 내가 전혀 예상치 못한 변수가 발생했다. 경매는 이런 묘한(?) 매력이 있다.

어떠한 상황이든 당황하지 않고 유연하게 대처해나가야 했다. 먼저 상대방이 어떤 의도로 이 자리에 나왔는지를 파악하기 시작했다. 먼저 이야기를 꺼냈다가 행여 다른 방향으로 틀어지게 되면 엎질러진 물은 주워 담기 힘들다. 최대한 조심스레 말문을 열었다.

족장: 안녕하세요, 낙찰자입니다.

전대인: 젊은 분이 낙찰 받았네요? 그런데 무슨 잔금납부도 하지 않고 오시나요? 성격이 급한 분인가 보네.

족장: 잔금납부를 하기 전에 임차인분과 이야기를 나누고 싶었습니다. 향후 계획은 어떻게 되는지, 유치권에 대한 문제는 어떻게 풀어야 할지 최대한 조율을 하고 싶어 왔습니다.

전대인: 유치권 금액은 여기 시설비 들어간 게 6천만 원이고, 보증금은 3천만 원인데 5천만 원만 줘요. 그럼 나갈게요.

족장: 사장님, 아실지 모르겠지만 여기 시설비랑 보증금은 제가 어떻게 해드릴 수 있는 게 아닙니다. 법적으로 보호받기가 힘든 것을 저한테 내놓으라 하시면 안 되는 것이며, 행여 내놓으라 하더라도 소유자에게 가서 이야기를 하셔야 합니다. 전 사장님의 보증금은 단 1원도 본 적이 없습니다. 그러니 저랑 재계약하시고 권리금이라도 받고 나가시는 게 어떨까요?

전대인: 권리금 같은 거 필요 없고 그냥 빨리 여기에 들어간 돈 주기나 해. 이제 장사하고 싶은 마음도 싹 사라졌어. 내가 경매 좀 해봐서 아는데 이런 식이면 나도 가만 있지 않을 거야.

족장: (어떻게 대한민국 점유자들은 그리도 경매에 대해 잘 아는 것일까?) 그럼 사장님, 잔금납부하고 순차적으로 진행해도 되겠습니까?

전대인: 뭘 해? 그럼 법대로 하자는 말이야?

족장: (말이 짧다.) 이야기가 안 되면 법대로 해야 안 되겠습니까? 전 낙찰받기 전에도 분명 찾아와 이야기를 드렸습니다. 여기 계신 임차인분과 이야기를 나누었고 분명 좋은 방향으로 가자고 말씀을 드렸음에도 불구하고 이제 와서 이렇게 이야기하시면 저 또한 좋은 방향으로 가기 힘들 것 같습니다.

전대인: 그래서 지금 법대로 하자는 말이제?

족장: 네, 협의가 안 된다면 그냥 순리대로 진행하겠습니다.

전대인: 그래, 법대로 하자!

족장: 그럼 더 이상 할 말 없는 것으로 생각하고 가보겠습니다. 수고하세요.

그렇게 문을 박차고 나왔다. 지금 생각해도 아찔하긴 하다. 무슨 배짱과 깡으로 그 좁은 공간에 어깨들까지 앉아 있었는데 그리 큰소리를 쳤을까 싶다. 그것보다 먼저 왜 현재 임차인은 조사했을 때 이런 이야기를 해주지 않았을까 서운했다. 낙찰 후 자연스레 재계약을 상상했던 나로서는 정말 어이가 없기도 하고 어떻게 이 일을 풀어나가야 할지 막막하기까지 했다.

급할수록 정석대로 풀어가기

부동산경매의 최대 장점은 특별한 문제가 없는 한 법원은 낙찰자 편에 서서 일처리를 해준다는 것이다. 낙찰을 받고 문제가 풀리지 않거나 힘든 점이 있더라도 알고 있는 지식대로 하나하나 풀어나가는 것이 최선의 방법이다. 어정쩡하게 대처하다가는 시간만 낭비하게 된다.

처음에는 임차인이 유치권을 취하해준다는 이야기를 했지만 지금은 유치권이든 뭐든 간에 안고 가야 한다. 대출도 좋은 조건으로는 어렵게 됐다. 최대한 빨리 대출을 알아본 후 잔금납부를 해야 했다(유치권이 신고 된 경매물건은 대출이 쉽지 않다. 비록 그게 허위유치권일지라도). 이런저런 고민을 하고 있는데 다음날 최초임차인의 아내라는 사람에게서 전화가 왔다.

전대인 아내: 안녕하세요, 상가 임차인입니다. 어제 우리 아저씨를 만나셨다고요?

족장: 네, 안녕하세요.

전대인 아내: 저희 아저씨가 너무 무리한 요구를 한 것 같더라고요.

족장: 네, 말씀하세요.

전대인 아내: 우리 아저씨가 5천만 원 이야기했다는데요. 그건 너무 많은 것 같구요. 2천만 원에 합의보시죠.

족장: 이… 천… 만… 원?

전대인 아내: 그 정도면 정말 싸게 해드리는 거예요.

족장: 사모님, 큰 오해를 하시는 것 같습니다. 전 시설물에 관해 합의할 생각이 전혀 없습니다. 그냥 법대로 처리하도록 하겠습니다.

전대인 아내: 그럼, 우리 만나죠.

족장: 서울로 올라오실 것 아니면 굳이 만날 필요는 없을 것 같습니다.

전대인 아내: 아니 그럼 어쩌자고요. 법대로 하자고요?

족장: 이야기가 안 되면 법으로 해야지요. 딱히 방법이 없으니 말이지요. 제가 이만 바빠서 다음에 통화하겠습니다.

통화를 길게 할수록 낙찰자나 임차인이나 기분이 상하는 것은 마찬가지이다. 일단 이렇게 끊어버린 것은 임차인에게 좀 더 알아보라는 신호이다. 발등에 불이 떨어진 임차인은 여기저기 알아보기 시작할 것이다. 하지만 아무리 알아봐도 낙찰자에게 대항하지 못한다는 사실만 알게 될 것이고, 그렇게 되면 협상은 한결 쉬워질 것이라 생각했다. 잔금납부를 앞당겨 임차인을 압박하기로 했다. 상대가 정신없을 때 맹공(?)을 퍼부어야 한다. 대금납부기일이 잡힌 후 바로 대출을 실행해 잔금납부를 마쳤다.

유치권이 신고된 물건의 대출은 상당히 까다롭다. 유치권 이야기만 나와도 고개를 절레절레 흔드는 은행들이 대다수다. 그렇다고 대출이 전혀 안 되는 것은 아니다. 대출을 받기 위해서는 은행 측에 정확한 사건의 발단과 어떤 이유로 유치권 성립이 안 되는지를 확실하게 인지시켜주어야 한다. 그럼 은행관계자들도 인정을 하고 대출을 실행하는데, 낮은 금리로 받는 것은 쉽지가 않다. 하지만 내게 급한 것은 금리가 아니었다. 잔금납부를 한 후 정성스럽게(?) '내용증명'을 보냈다.

내 용 증 명

수 신 인 : ○○○(○○빌딩 501호 임차인)
주 소 : 경남 의창구 봉곡동 ○○번지
수 신 인 : ○○○(○○빌딩 501호 임차인)
주 소 : 경남 창원시 합포구 동성동

발 신 인 : 강○○   대리인 :   (연락처:)
주 소 : 서울 서초구 반포동
부동산의 표시 : 경남 창원시 성산구 상남동
대지권 : 9.449㎡ , 전용면적 : 143.5㎡

본인은 위 부동산을 2013년 4월 5일 창원지방법원 경매5계(사건번호 2012타경143XX호 물건번호1번부동산임의경매)에서 경매로 최고가매수자가 된 강○○ 대리인 차원희입니다. 귀하께 소유권이 이전된 이후의 계획에 대하여 서로 유선상 통화한 바 있으나 본인의 향후 계획을 다음과 같이 명확하게 전해 드리고 귀하의 협조를 구하고자 본 내용증명을 송부합니다.

1. 본인은 2013년 4월 22일 잔금을 납부하고 소유권을 이전하며 인도명령을 신청할 예정입니다.
인도명령은 2002년 7월 1일 개정된 민사집행법에 근원을 두고 있으며 대항력 없는 현 소유자에 대해서는 신청 후 약 1~2주 내에 결정문이 나오며 그 즉시 강제집행이 가능하게 됩니다.

2. 본인은 상기 1항과 같은 계획을 가지고 있으며 일정에 따라 진행을 할 것

이지만 원만한 협조를 구하고자 하기 3항과 같이 제안하오니 심사숙고 부탁드립니다.

3. 본인이 위 부동산을 합법적인 절차를 통하여 소유권을 취득한 이후인 2013년 4월 22일부터 귀하는 본 부동산을 무단으로 점유 및 임대할 수 없고, 새로운 임대차계약 또는 명도에 관하여 빠른 시일 내에 상호 협의되지 않고 귀하가 임대료를 지급하지 않은 상태에서 계속 부동산을 무단 점유할 경우, 월차임은 규정상 감정가의 20%까지 청구할 수 있으며, 청구할 임대료는 월 433만 원(감정가 33,000만 원×20%÷12개월)입니다. 또한 이에 대한 연체료 20%를 가산하여 임대료를 청구함과 동시에 적법한 절차에 따라 부동산의 인도를 요청할 것입니다.
또한 유치권 신고서의 내용을 보더라도 건물의 객관적 가치를 증가시킨 유익비가 아니라 임차인의 영업을 위해 지출된 내용이고 그 금액도 터무니없음을 알 수 있습니다. 즉, 실제 공사를 하였다면 갖추고 있어야 할 최소한의 증빙자료인 공사비 지출내역서, 거래명세서 및 세금계산서, 세무서에 부가가치세를 신고하면서 제출하였을 매출처별 세금계산서합계표 등 증빙자료가 전무합니다.
(대구 고법 1980.7.3.선고79나1082(본소),1083(반소))
허위 유치권일 경우 경매방해죄로 형사 고소를 할 수도 있습니다.

4. 상기 "2"항과 "3"항의 불이행으로 부담하여야 하는 모든 비용(법원명도소송비용, 명도소송에 따른 변호사비용, 강제집행비용, 명도지체손해배상금, 매월 433만 원 임대의 부당이득금 반환 청구, 공과금 및 각종 세금 등)을 귀하가 납부하여야 하며, 납부하지 않을 시에는 귀하 소유의 채권 및 부동산과 동산의 압류 및 기타 법적 조치를 취할 수 있음을 알려드립니다.

5. 또한 유선상 통화 시 말했던 바, 수신인 서○○(김○○)씨는 새로운 소유권자인 상기 본인과 재계약 의사가 없는 것으로 판단됩니다.
그리하여 위 내용은 새로운 소유자와 종전 임차인 간에 명도 문제가 원만히 해결되지 않을 경우를 전제하여 말씀드린 것이므로 양해하여 주시기 바라며,

본인과 귀하가 서로 원만하게 명도에 합의하고 원치 않는 피해가 발생하지 않도록 현명한 판단과 협조를 당부드리며 아래 연락처로 연락을 주시어 향후 일정에 협의하시기 바랍니다.

6. 또한 상기 본인은 현 시설 상태로써 낙찰을 받은 것이므로 향후 시설물 파손 등이 발견될 경우 형사적 책임을 질 수 있음을 알려드립니다.

2013년 04월 16일

낙찰자 강○○ 대리인 차 원 희 (연락처:010-XXXX-XXXX)

유흥업소의 경우 영업허가증을 확보하라

내용 증명을 받았는지 다시 전화가 온다.

전대인 아내: **사장님, 저희를 협박하시는 거예요?**

족장: 아닙니다, 협박은요. 제가 말씀드렸다시피 법적인 절차를 밟아가는 순서입니다. 합의가 안 될 시에는 순리대로 진행할 수밖에 없습니다.

전대인 아내: 그런데 혹시 그거 아세요? 영업허가증 다시 발급받으시려면 돈 많이 든다는 거?

족장: 네, 알고 있습니다. 그게 무슨 문제가 되나요?

전대인 아내: 그럼 잘 아시겠네요. 우리는 그거 폐업 처리할 테니 알아서 하세요. 우리랑 합의를 안 보고 잘 되나 한번 봅시다. 잘 알아보시고

연락이나 주세요.

뚜뚜뚜뚜뚜….

유흥업소의 경우 영업허가증은 무척 중요하다. 이곳에서 동일업종으로 영업하려면 허가증을 양수 받을 경우 아무런 상관이 없지만 허가증을 양수 받지 못한다면 다시 구청에서 허가를 받아야 한다. 그런데 허가증을 신규로 발급받을 때 여러 가지 까다로운 제약이 따른다. 뒷부분에 좀 더 다루겠지만, 허가증 신규발급은 까다로울뿐더러, 허가증 발급 자체가 안 되어 업종을 포기해야 하는 경우도 종종 생긴다.

만약 허가증을 받기 전에 근처에 학교가 없어 PC방을 오픈했다고 치자. 그런데 몇 년 후 가까운 곳에 학교가 들어왔다고 하면 그 자리에는 더 이상 PC방 허가가 나지 않는다. 기존에 하던 사람에게 양수 받아서 영업하는 것은 상관없지만, 만약 그렇지 않은 경우 PC방을 다시 오픈하기 힘들다. 이뿐만 아니라 기존 사업자를 양수 받게 되면 소방법이나 전기안전관리법 등 여러 법에 기준점을 통과해야 하는 부분에 대해 검증받을 필요가 없지만, 다시 허가증을 받는다면 모든 사항들에 관해 필증을 받아야 한다(이 비용이 몇 천만 원씩 하기도 한다). 상가 투자를 하려면 영업허가증에 대해 감안하고 입찰을 해야 한다.

낙찰 받은 곳은 이미 건축물대장이 위락시설로 변경되어 있어서 영업허가증을 다시 발급받는 데에는 무리가 없었으나 다시 발급받기 위해서는 소방법, 전기법 등을 다시 검사받고 정비해야 하기 때문에 많은 비용이 예상되었다. 알아보니 그 비용만 하더라도 족히 1천만 원은 넘어 보였다. 이러한 변수가 있어서 입찰 전부터 임차인에게 친근(?)하게 접근한 것이었고, 이런 상황이 오지 않기를 바라는 마음이 컸는데 생각하지도 못한 이유 때문에 일이 꼬여버렸다.

그런데 영업허가증을 소지하고 영업을 하고 있는 사람은 전전세준 임차인이 아닌 현재 장사를 하고 있던 임차인이었다. 전차인 입장에서는 지금 그 누구의 편도 아니어서 이 싸움(?)에서 빨리 빠져나가고 싶어했다.

전차인에게 전화를 걸었다. 예상대로 전차인은 경매이해관계인이 되는 것이 싫어 영업장을 옮긴 상태이고 지금은 다른 곳에 오픈을 하고 장사를 하고 있었다. 영업장을 옮겼다면 허가권은 어떻게 되는 것인가? 영업장을 옮기면서 허가권도 폐지를 했다는 것인가? 그렇다면 정말 난감한 상황이 되는 것인데. 하나하나 확인을 해볼 필요가 있었다. 이리 치이고 저리 치이는 임차인 입장을 최대한 배려해주는 것이 먼저였다.

족장: 안녕하세요, 별일 없으시죠?

전차인: 안 그래도 제가 중간에서 곤란하네요. 전 당연히 재계약을 할
  줄 알았는데.

족장: 저도 참 이런 일이 벌어질 줄 몰랐는데 이렇게 되어 손해가 이만
  저만이 아니네요.

전차인: 죄송합니다. 제가 혼자 판단을 해서 이렇게 폐를 끼치게 되었네
  요(임차인은 자신이 처음부터 모든 사항을 이야기해주지 않아 일이 꼬인 것에 관해
  진심으로 미안해하고 있었다).

족장: 아닙니다. 사장님께서도 좋은 의도로 풀어나가고자 이야기를 해주
  신 것인데 사장님께서 미안해하실 필요는 없습니다.

전차인: 그래도 제 입장에서는 다른 사람에게 피해를 준 것 같아 대단히 죄송합니다. 혹시 제가 도와드릴 일이 있으면 이야기해주세요.

족장: 네, 그래서 그러는데요. 혹시 영업허가증은 어떻게 하셨어요?

전차인: 그거 아직 제가 폐업신고 안 했는데요? 왜 그러시죠?

족장: (다행이다.) 그러시군요.

전차인: 무슨 일이시죠?

족장: 제가 영업허가증이 필요해서 그런데 저에게 넘겨주실 수 있으신 가요?

전차인: 그걸 그냥 낙찰자에게 넘겨주어도 되는 건가요? 중간에서 이렇게 저렇게 하기가 참 부담스럽습니다. 전 여기서 빠지고 싶은데 어떻게 빠질 수 없을까요?

족장: 사장님께서 잘 생각하셔야 합니다. 현재 모든 권한은 사장님께 있습니다. 유치권신고 또한 다른 사람이 아닌 사장님께서 하신 것이니 지금 빠지신다고 해서 어떤 문제도 해결되는 것이 아닙니다. 이 사건이 종결될 때까지는 사장님과 제가 함께가야 합니다. 이 모든 일이 빠른 시일 안에 해결되기 위해서는 사장님께서 저에게 힘이 되어주시는 수밖에 없습니다.

전차인: 제가 어떻게 도와드려야 하나요?

족장: 허가증을 저에게 넘겨주시고 점유를 저에게 넘겨준다는 각서 부탁드립니다. 그럼 나머지는 제가 알아서 처리하겠습니다. 사장님께 최대한 피해가 가지 않는 선에서 일 처리를 할 것이니 믿고 맡겨주셨으면 좋겠습니다.

전차인: 그럼 전 빠질 수 있는 건가요? 법원에서 서류 날아오는 것도 그

렇고 전 죄가 없는데, 왜 이러는지 모르겠네요. 더군다나 이렇게 밤에 일을 하는데 매일 낮에 등기라든지 우편 송달 때문에 스트레스도 너무나 많이 받고 있어요.

족장: 네, 사장님께 피해 가지 않도록 제가 알아서 처리하도록 하겠습니다. 언제 시간이 되시나요? 전 지금 당장이라도 상관이 없습니다. 하루라도 빨리 일을 처리하는 것이 모두에게 좋은 방향입니다.

전차인: 지금요? 저녁 9시인데요?

족장: (쇠뿔도 단김에 빼라고 했던가.) 제가 지금 대구에 출장 중이어서 시간이 괜찮으시다면 찾아뵙겠습니다.

전차인: 네, 그렇게 하세요. 알겠습니다.

다행이 다른 업무를 처리할 일이 있어 대구에 있었는데 전차인과 통화후 바로 창원으로 넘어갔다.

족장: 안녕하세요.

전차인: 네, 안녕하세요. 근데 이거 죄송해서 어쩌죠? 저 허가증도 못 드리고 열쇠도 못 드릴 것 같아요.

족장: (갑자기 무슨 소리?) 네? 무슨 말씀이세요?

전차인: 방금 전대인하고 통화를 했는데, 허가증을 넘겨주면 두고 보라면서 법적 소송을 할 것이라네요. 이 상황에서 제가 어떻게 이걸 넘겨주겠어요.

족장: 제가 하는 이야기 잘 들으세요. 정 그러시다면 허가증 안 주셔도 됩니다. 현재 유치권신고하신 것에 대해 제가 형사고소 하면 조사를 받

으셔야 할 거예요. 경매입찰방해죄가 생각보다 큰 죄라 징역을 선고받곤 합니다. 제가 지금까지 다른 법적조치를 취하지 않은 것은 사장님과 저의 관계 때문입니다. 처음 만날 때부터 저와 진솔한 이야기를 나누었고, 여지껏 대화를 통해 나쁜 분은 아니라 생각했기에 그런 것입니다. 제 말이 거짓인지는 내일 시간 되면 법원 앞에 가서서 아무 법무사나 변호사에게 가서 상담을 받아보세요. 전 이만 가보겠습니다. 변호사나 법무사에게 상담 받으신 후 연락주세요.

이럴 때는 낙찰자가 아쉽다는 느낌보다는 좀 더 강한 어조로 나가는 것이 좋다. 허가증이 필요한 것은 사실이지만, 여기서 밀리는 모습을 보이면 전차인이 더 불안해할 것이고, 그렇다면 전대인의 의도대로 휘둘릴 것이 뻔했다. 먼 길을 왔기에 성과 없이 돌아가는 것이 아쉽기도 했지만 이렇게까지 의사를 전달했으니 전차인도 다른 행동을 하긴 힘들 것이라 생각했다. 다음날 전차인에게서 전화가 왔다.

전차인: 전 어떻게 하면 이 상황을 빠져나갈 수 있나요? 전대인은 허가증을 넘겨주면 고소할 거라며 협박을 하고 낙찰자도 유치권으로 형사고소를 한다는 상황에서 어떻게 해야 하나요? 이러지도 저러지도 못하고 정말 힘드네요.

족장: 전대인은 사장님을 상대로 고소할 수 있는 권한이 없습니다. 대체 무엇을 근거로 고소한다는 건가요? 전대인은 전 소유자 때문에 피해를 본 것이고, 현재 실질적으로 피해를 보는 사람은 지금의 임차인인 사장님입니다. 알아보셨겠지만 그쪽이랑 임대차계약을 따로 하신 것

이고 그 임대차 계약 또한 전전대이기 때문에 합법적인 사항입니다. 다시 한 번 말씀드리지만 이 상황을 빠져나갈 수 있는 방법은 한 가지 뿐입니다. 저에게 가게 열쇠랑 허가증 넘겨주시면 저희 쪽에서 알아서 처리하도록 하겠습니다. 저번에도 말씀드렸지만 사장님께 피해가 안 생기게 최대한 노력하겠습니다.

전차인: 네, 감사합니다. 그럼 그렇게 하겠습니다.

다음날 다시 전차인을 만나러 갔다.

족장: 안녕하세요.

전차인: 네, 여기 허가증이랑 필요 서류 제가 전부 준비해두었습니다. 허가증을 인수받기 위해서는 교육을 들으셔야 합니다.

족장: 교육이요?

전차인: 네, 한 달에 2번 정도 있는 것으로 알고 있어요. 교육을 듣지 않으면 허가증을 양수 받을 수 없는 것으로 알아요. 빨리 교육 받으시고 이거 가져가세요. 저 또한 중간에서 매우 힘이 듭니다. 그리고 열쇠는 부동산중개업소에 맡겨두었습니다. 주인과 친한 부동산중개업소이니 그냥 보러왔다고만 하시고 가져가시면 될 것 같습니다. 전 더 이상 여기 일에 관여하고 싶지 않습니다.

족장: 네, 알겠습니다. 교육은 받으면 될 것이고 열쇠는 부동산중개업소를 통해 인수받도록 하겠습니다. 정말 감사드리고요. 사장님께 피해 가는 일 없도록 잘 처리하겠습니다. 감사합니다.

전차인: 네, 수고하세요.

이제 나에게 필요한 것은 스피드다. 먼저 부동산중개업소로 이동했다.

족장: 안녕하세요~. 여기 ○○빌딩 ○○○호 열쇠 있죠? 열쇠 받으러 왔
  는데요.

부동산: 누구신가요?

족장: 네, 소유자입니다. 안에 내부수리를 하고 임대 놓으려구요. 전 임차
  인이 여기에 열쇠를 맡겨두었다고 하네요.

부동산: 아, 그러세요? 네네, 감사합니다. 그럼 꼭 저희한테 맡겨주세요.

족장: 네, 그럼요. 열쇠 좀 주실래요?

부동산: 네, 여기 있습니다.

열쇠를 받고 먼저 간 곳은 물건지의 관리사무소이다. 문을 열고 들어갔
는데 혹시나 어떤 물건이 없어졌다고 하거나 잘못된 게 있다고 하면 난감
하기 때문에 (현재 안에 있는 기기들은 낙찰자 소유가 아니기에) 음료수 한 박스와
함께 관리사무소로 향했다. 관리사무소장님께 상가에 문제가 있을 수도
있으니 한번 같이 올라가자고 말씀드렸고 소장님은 흔쾌히 동행해주셨다.

제일 먼저 할 일은 점유를 취득하는 것이다. 점유를 취득하기 위해 해
야 할 일은 열쇠를 바꾸는 것. 관리소장님께 부탁해 아는 곳으로 열쇠수
리공을 불러달라고 했다(손수 하려고 했으나, 만약을 대비해 증인(?) 한 사람이라도
필요했다).

열쇠를 바꾸고 현관문에 경고장을 여러 장 붙여두고 나왔다. 경고장은
빼곡히 작업(?)을 많이 했다. 한 장만 붙이는 것보다는 이런 식으로 해야
위압감이 다른 것도 있으며, 전대인이 왔을 때 똑똑히 봐야 한다는 의미도

부여하고 있었다.

　현장에서 모든 사항을 정리한 뒤 곧장 법원으로 향했다. 지금까지 상황으로 볼 때 전대인과 협의로는 끝나기 어렵다는 판단을 했으니 최종 협상이 진전되지 않을 시 강제집행을 신청하기로 마음먹었다. 강제집행 신청은 전대인을 압박하는 수단이기도 하며 사건의 종지부를 찍을 수 있는 카드다. 강제집행을 하고나니 며칠 후 전대인에게서 전화가 왔다.

전대인: 당신 뭐 하는 사람이야?

족장: (천연덕스럽게) 네? 무슨 일 있나요?

전대인: 누구 맘대로 문을 잠근 거야? 지금 문 잠그고 형사고발? 이게 진짜. 내가 신고할 테니 두고 봐. 안에 노래방기계라든지 에어컨, 전부 내가 산 건데 말야.

족장: (주의: 물론 다른 사람 소유의 집기가 있으면 문을 잠그면 안 되는 것이다. 하지만 법보다 빠른 방법을 선택해야 했기에 어쩔 수 없었다.) 신고요? 네! 신고하십시오. 그럼 더 빠르게 진행될 수도 있겠네요. 혹시 가져가실 물건 있으면 말씀하세요. 제가 가서 문 열어드리겠습니다. 제가 문을 안 열어드린다는 게 아닙니다. 물건을 가져가고 싶으실 때 말씀하시면 바로 문 열어드리도록 하겠습니다. 그리고 관리비가 많이 나온다고 해서 차단기는 내려두었으니 하루라도 빨리 가져가셔야 할 거예요.

전대인: 내가 내 물건 가져간다는데 왜 허락을 받아야 해?

족장: 집기는 사장님 것이지만 상가는 제 소유입니다. 혹시나 제 상가를 훼손할 수도 있다는 생각에 잠가둔 것이니 이해해주시기 바랍니다. 집기 가져가고 싶으실 때 이야기하세요. 언제든 빼드리도록 하겠습니다. 그리고 강제집행 신청했으니 법원에서 빼줄 수도 있습니다.

내 이야기가 끝나고 곧바로 끊어버렸다. 전대인은 지금부터 상당한 심리적 압박에 시달릴 것이다. 더군다나 임차인으로서 더 이상 다른 패가 없었다. 낙찰자 입장에서는 기다리면 된다. 시간은 낙찰자의 편이고 임차인은 자연적으로 약해질 수밖에 없다.

며칠 뒤 모르는 번호로 전화가 왔다.

족장: 여보세요.

정체 모를 그: 네, 거기 혹시 ○○주점 사장님 되십니꺼~?

족장: (걸쭉한 사투리를 쓰신다.) 네, 그런데요. 누구신가요?

정체 모를 그: 제가 거기서 장사를 하고 싶어서요.

족장: 제 전화번호를 어떻게 아셨죠?

정체 모를 그: 관리소장님께 물어봤습니다. 거기 빈 것 같은데 제가 장사하고 싶네요.

족장: 아실지 모르겠지만 여기가 경매로 진행됐었습니다.

정체 모를 그: 제가 잘 알지요. 저도 거기서 오랜 시간 장사를 했습니다.

족장: 아, 그러세요? 그렇다면 제가 지금 법적인 절차를 밟고 있거든요. 오랜 시간은 걸리지 않을 것 같은데, 다 끝나면 연락드려도 될까요?

정체 모를 그: 네, 꼭 저한테 주이소~.

족장: 네, 알았습니다. 연락드리겠습니다.

진정 가게를 원하는 사람일지? 소유자가 내 계획이 어떠한지를 시험하는 것인지 알 수 없었다. 전화한 것을 보니 임대를 원하는 사람이긴 하나, 타이밍은 소유자가 보낸 첩자 같기도 했다.

집행관을 아군으로 만들기

기분이 좋았던 것도 잠시 법원에서 뜻하지 않은 문서가 왔다. 항고장. 인도명령에 대한 항고가 들어왔다. 항고장이라니 예상치 못한 문서다. 전대인 측에서 인도명령에 대해서 용납할 수 없으니 인도명령을 기각해달라는 것이다. 적법한 항고를 하기 위해서는 항고 사유가 확실해야 하며, 항고에 대한 공탁금도 걸어야 한다. 그런데 전대인은 항고이유서는 물론 공탁금도 제공하지 않았다. 공탁금 같은 경우 항고한 사람이 승소했을 때 받아갈 수 있지만 패소를 했을 때는 공탁금은 돌려받지 못한다(무분별한 항고를 방지하기 위해).

이러한 이유로 인도명령에 관한 항고가 제기되었어도 크게 걱정할 필요는 없으며, 항고 보증금액 또한 입찰가격 정도 되니 쉽게 항고를 하기는 여간 힘든 일이 아니다. 또한 항고가 제기되더라도 강제집행을 못하는 것이 아니며, 공탁 내용이 법원에 받아들여져야만 집행을 중지할 수 있다.

아직 공탁금도 걸지 않았고 달랑 서류 하나 보내서 집행을 막으려고 한 것이다. 일단 항고 이후의 서류들이 접수되기 전에 낙찰자는 빠른 시간 내에 강제집행을 신청하는 것이 좋다. 나는 바로 집행관실로 달려갔다.

족장: 안녕하세요, 집행관님.

집행관: 무슨 일이신가요?

족장: 임차인이 막무가내로 횡포를 부리면 어떻게 해야 하는 건가요?

집행관: 무슨 일인지 자세히 이야기해보세요.

족장: 자신이 인테리어를 했다며 과도한 이사비를 요구하고 영업허가증을 없애버린다고 협박을 하고 있습니다. 막무가내로 나오는 임차인을 어떻게 해야 할지 모르겠습니다(집행관도 사람인지라 최대한 진심으로 다가가야 한다).

집행관: 무슨 인테리어요? 감정가격에 포함되지 않았던가요?

족장: 네, 감정가격에 포함되어 있지요. 그런데도 저렇게 막무가내로 버티고 있으니 낙찰자 입장에서는 너무나 힘이 드네요.

집행관: 이사비는 어느 정도 합의를 보셨나요?

족장: 5천만 원 달라고 합니다. 제가 저렴하게 낙찰 받은 것도 아닌데, 너무 무리한 요구를 하니 힘이 드네요.

집행관: 일단은 항고장이 우리 쪽에 도착하지 않았으니 최대한 빨리 처리해드리도록 하겠습니다. (항고장 같은 경우 법원에서 항고 이유서가 집행관 측에 도착하지 않으면, 집행은 그대로 진행된다.)

족장: 네네. 정말 감사합니다, 집행관님.

며칠 후 집행계고 날짜가 잡혔고 임차인에게 전화를 걸었다.

족장: 집행 실행 날짜 잡혔습니다. 집행을 하면 안에 집기들은 이삿짐센터에 맡길 것이고, 모든 비용은 임차인을 상대로 청구할 것이니 그렇게 알고 계시면 될 것 같습니다.

전대인: 공탁서류 못 받아봤어?

족장: 서류요? 네! 잘 받아보았습니다. 공탁하신다는 것 같은데 잘 생각해보세요. 공탁을 하신다면 전 공탁금에 가압류를 걸어두겠습니다. 전화를 드린 것도 이러한 상황을 아셔야 하기에 전화 드린 것입니다. 전대인분과 이렇게 끝나는 것보다는 최대한 좋은 방향으로 이끌어가려 합니다.

전대인: 내가 지금까지 다른 이야기 합디까? 돈 달라고요. 이사비!

족장: 이렇게 막무가내로 하시니 지금 여기까지 왔습니다. 원하시는 금액이 얼마인지 말씀해보세요.

전대인: 1천만 원 주소, 그럼.

족장: 끝까지 이러시면 저도 어쩔 수 없습니다. 집행을 하기로 하겠습니다. 더 이상 할 말이 없는 것 같습니다.

전대인: 아니, 이 사람 뭐 하는 거야?

족장: 협의금액이 맞지 않으면 그냥 집행하는 게 더 빠를 것 같아 말씀드리는 것입니다. 협상은 서로 간에 하나하나 맞추어가는 것인데 사장님은 사장님의 의견만을 고수하시니 제 입장에서는 매우 안타깝습니다.

과정이야 어떻든 뜨거운 안녕을 하라

드디어 강제집행 7일 전이다.
전대인에게 전화가 왔다.

전대인: 열쇠 주세요. 제 짐 가져가겠습니다.

족장: 열쇠는 안 됩니다. 건물이 훼손될 경우 재산상의 피해가 있을 수
도 있으니 말이에요.

전대인: 그럼 문 열어주세요. 짐 가져갈게요.

족장: 언제 문을 열어드릴까요?

전대인: 하루에 하나씩 7일에 나눠서 가져가겠습니다.

족장: 하루에 하나씩 7일이요? 그건 안 됩니다.

전대인: 무슨 말입니까? 내가 짐 가져간다고 하면 문 열어준다면서요?

족장: 그렇게 하신다면 문 열어드릴 수 없습니다. 지금 말씀하시는 것은
짐을 가져가는 것이 아닌 그냥 단순히 억지를 부린다고 생각됩니다.

전대인: 우리가 그거 인테리어 할 때 돈이 얼마나 들었는지 알아요? 그런
데 지금 돈 한 푼 안 주고 제게 가만히 있으라고요?

족장: 사장님, 제가 언제 합의를 보지 않는다고 했습니까? 사장님께서는
협상이 아닌 일방적인 요구만 하니 진전이 없는 것입니다. 기계 모두
가져가세요. 10년 정도는 된 물건인데 영업을 해도 또 다시 구매를 해
야 할지 모릅니다. 그런데 그 중고물건값을 그리 많이 달라고 하시니
제가 난처하지요.

전대인: 그럼 얼마 주실 건데요?

족장: (내가 무슨 빚쟁이도 아니고 처음부터 끝까지 돈 얘기다.) 안에 있는 기기 전부해서 500만 원 드리겠습니다.

전대인: 800만 원 주세요.

족장: 600만 원 드리겠습니다.

전대인: 700만 원 주세요.

족장: 사장님, 마지막입니다. 이제 더 이상 이야기 안 드립니다. 서로 양보해서 650만 원에 합의 보세요. 더 이상은 드릴 수 있는 여건도 안 되어 그 이상 요구하시면 그냥 집행하겠습니다.

전대인: ….

족장: 이제 강제집행날도 얼마 안 남았습니다. 저도 그냥 집행하는 것이 편하기는 하나, 도의적인 차원에서 이렇게 전대인분과 마지막까지 이야기를 하는 겁니다.

전대인: 제가 준비해야 할 서류가 어떤 게 있나요?

족장: 인감증명서랑 신분증 앞뒤면 복사해서 이틀 뒤에 뵙겠습니다.

전대인: 네, 그럼 그때 뵙겠습니다.

이틀 뒤 전대인과 만났다. 먼저 준비한 이행각서를 보여주었다. 이제 더이상 점포 내부에 남아 있는 집기를 포함한 모든 물품에 대해서는 권한이 없으며 낙찰자에게 권리를 주장하지 않겠다는 각서이다. 인감증명서와 신분증 앞뒤면 복사서류를 받은 뒤 약속한 금액을 전달했다. 나는 이럴 때 항상 10만 원짜리 백화점상품권을 한 장 더 준비해간다. 크다면 큰돈이고 작다면 작은 돈이지만 낙찰 받을 때 10만 원 더 썼다고 생각하고 전대인에게 건네주었다. 크지 않은 돈이지만 성의표시라며 건네니 이게 뭐냐고 하면서도 감사의 인사를 한다. 마침내 전대인과 나는 악수로 이번 일을 따뜻하게 마무리했다.

경매의 꽃은 명도가 아니라 임대(매매)다

힘들었던 명도도 끝이 났고, 이제 임차인을 들여놓는 일이 남았다. 누군가 경매의 꽃은 명도라고 했다. 하지만 내가 생각하는 경매의 꽃은 명도가 아닌, 매매 또는 임대를 놓는 것이다. 명도야 어차피 순리대로 한다면 끝나기 마련이다. 아무리 속을 썩여도 법적인 절차는 기한 내에 진행되므로 점유자는 나갈 수밖에 없다. 하지만 임대나 매매는 낙찰자의 의지대로 할 수 있는 것이 아니다. 물론 어떤 식으로 전략을 세워 내놓느냐에 따라 차이는 있겠지만, 그래도 내가 원하는 금액에 임대나 매매를 한다는 것은 결코 쉬운 일은 아니다.

그때 문득 생각이 났다. 전에 받은 정체 모를 사람의 전화. 시간이 40일 정도는 지난 것 같은데 아직도 가게에 들어오고 싶어하는지 모르겠다. 일단은 가게를 원한다고 먼저 연락해주신 분이니 한번 전화를 걸어봤다.

족장: 안녕하세요, 사장님. 전에 가게에 들어오시겠다고 전화주셨던 분
　이죠?
정체 모를 그: 네, 안녕하세요.
족장: 이제 모든 게 해결이 돼서요. 혹시 아직 가게 구하시나요?

정체 모를 그: 아이고, 전 저번 주에 들어왔습니다.

족장: 그렇군요. 그럼 다음에 연락주세요.

정체 모를 그: 잠시만요. 제가 아는 분이 가게를 오픈하려고 하는데 혹시
소개시켜드릴까요? 복비는 주십니까?

족장: 그럼요, 걱정 마세요.

정체 모를 그: 네, 그럼 소개시켜드릴 테니 복비나 두둑이 주세요.

족장: 네, 그럼 연락주세요.

역시나 위치가 좋다보니 별일이 다 있는 것 같다. 이렇게 먼저 연락이 와
서 들어온다는 사람이 있으니 말이다. 상가를 받았을 때 제일 부담스러운
것은 아파트와 달리 오랜 시간 공실이 될 수 있다는 것이다(상가가 공실일 경
우 대출이자 부담도 있지만, 관리비 또한 무시하지 못한다. 평수가 큰 경우 관리비가 몇 백
만 원씩 나오기도 한다). 따라서 공실이 오래 계속된다는 것은 낙찰자 입장에
서도 여간 부담스러운 일이 아니다. 다행인 것은 물건의 위치가 좋다보니
알아서 임차인이 들어오려 했다. 명도 후 곧바로 임차인이 들어왔고, 매달
꼬박꼬박 월세도 받게 되었다.

상가 임대차계약서

부동산중개업소에서 소개를 받아 임차를 맞추는 경우도 있지만, 이번
물건같이 임대인과 임차인이 직접 임대차계약서를 쓰는경우가 있다.

이러한 경우 부동산중개업소에서 쓰는 계약서보다 더욱 철저한 계약

서가 필요하다.

상 가 임 대 차 계 약 서

임대인 강 ▦▦▦을 "갑", 임차인
▦▦▦을 "을"로 하여 다음과 같이 상가임대차계약을 체결한다.

제1조[계약의 목적] "갑"은 그 소유하는 아래 표시의 상가를 "을"에게 임대하고 "을"은 이를
임차하는 임대차계약을 체결한다.

제2조[임대차기간] 임대차의 기간은 2014 년 10 월 22 일부터 2015년 10 월 22 일까지인
□ 년간으로 한다.

제3조[임대료] "을"의 임대료는 1개월에 금 ▦▦만원(W ▦▦▦)(부가세별도, 연체임대료
20% 적용)으로 하고, "을"은 매 달 일까지 당월 분을 아래 갑의 계좌에 송금 선지급한다.

국민은행 : ▦▦▦▦▦▦ (예금주 : 차 원 회)

제4조[보증금] "을"은 임대차 계약체결 즉시 임대보증금 금 ▦▦만원(W ▦▦▦) 중 금
▦▦ 만원(W ▦▦▦)을 "갑"에게 상기구좌로 입금하기로 하며 금년 월 일,
2014년 월 일에 금 ▦▦만원(W ▦▦▦)을 상기구좌로 입금 한다.

제5조[사용목적] "을"은 본 건 건물을 유흥주점으로 사용하는 이외에 다른 용도로 사용할 수 없
다.

제6조[원상변경 및 전대의 금지] "을"은 다음의 경우에는 사전에 갑의 서면에 의한 승낙을 얻어
야 한다.
　　1. 건물의 개조, 조작, 모양 변경 등 원상을 변경할 때.
　　2. "을"이 임차권을 양도하고, 혹은 본 건 건물을 전대할 때(상가 일부의 전대, 법인 등
　　　으로의 교체 및 기타 명목의 어떤 것을 불문하고 사실상 임차권의 양도, 전대와 같은
　　　결과가 되는 모든 경우를 포함한다.
　　3.임차인의 영업으로 재산세와 중과세(건축,토지)가 발생하면 임차인이 책임을 진다.
　　4.본 계약은 시설,비품권리가 포함되어 있으므로 전차인은 임대인에게 시설 권리를
　　　주장할수 없고 제3자에 양도할수 없다.
　　5. 그 외 부동산 판례 및 법령에 준한다.

제7조[계약의 당연 종료] 본 계약은 다음의 경우 최고 기타의 수속을 요하지 않고 당연히 종료
된다.
　　1. 본 건 건물이 화재 기타 재해로 대파 혹은 멸실되었을 때.
　　2. 본 건 건물의 전부 혹은 일부가 공공사업을 위해 매도, 수용 또는 사용되어 본 계약을
　　　존속할 수 없을 때.

제8조[계약의 해제] "을"이 다음의 경우 가운데 하나에 해당될 때는 "갑"은 최고를 하지 않고
즉시 본 계약을 해제할 수 있다.
　　1. 계속해서 2회 이상 임대료 지급을 연체했을 때.

　　2. 임대료 지급을 자주 지연하고, 그 지연이 본 계약에 있어 "갑"과 "을"간의 신뢰관계를
　　　현저하게 저해한다고 인정될 때.
　　3. 제6조의 규정에 위반되었을 때.
　　4. 장기간 부재로 임차권의 행사를 지속할 의사가 없다고 인정될 때.
　　5. 기타 본 계약에 위반되었을 때.

제9조[수선의무] 건물의 부분적인 작은 수선은 "을"이 비용을 부담하여 스스로 수선하도록 한
다.

제10조[원상회복, 손해배상] "을" 또는 "을"의 고객이 고의 또는 과실로 "갑"의 재산 또는 공용
부분을 오손, 파손 혹은 멸실했을 때, 혹은 "갑"의 승낙없이 건물의 원상을 변경했을 때는
"을"은 신속히 이를 원상회복하고 갑의 손해를 전액 배상한다.

제11조[관리비 및 제세공과금 등]
① "을"은 "갑" 또는 "갑"이 정하는 관리인과 임대차목적물의 관리규정에 따라
  부과되는 관리비(직접경비, 공동경비, 간접경비 등)를 부담하여야 한다.
② 관리비는 점포 계약면적에 비례하여 산출하며, 사용실적을 계측할 수 있는 비용은 사
  용실적에 따라 부과한다.
③ "을"은 관리비 등을 체납한 경우 체납금액의 5%에 해당하는 과태료를 가산하여 지급
  하여야 하며, 해당 월을 초과하여 체납한 경우 매월 체납금액의 5%에 해당하는 과태
  료를 추가 지급하여야 한다.
④ "을"이 임대차목적물에 대하여 "을"의 영업으로 인한 제세공과금(단, 재산세 제외)은
  "갑"의 명의로 부과된다 하더라도 "을"이 이를 전액 납부하여야 한다.
⑤ "을"은 공동의 목적으로 시행하는 판촉비 및 광고비, 영업상 발생되는 제경비 등을 부
  담하여야 한다.
⑥ "을"은 임대차 기간 동안 임대차목적물을 사용하지 않을 경우에도 제1항 내지 제5항
  의 비용을 부담하여야 한다.
⑦ "을"이 제1항 내지 제6항의 규정에 의한 제비용 및 제세공과금을 연체하였을 경우에
  는 "을"이 "갑"에게 지급한 임대보증금에서 공제한다.

제12조[연체임대료 등의 충당 등]
① 보증금에는 이자를 붙이지 않는 것으로 하고, "을"이 임대료 지급을 지연했을 때 혹은 제
  10조의 손해배상액을 지급하지 않았을 때, "갑"은 보증금으로 그 변제에 충당할 수 있
  다. 단, "을"은 보증금으로 그 변제를 충당하도록 요구할 수 없다.
② 위 항목에 의해 보증금이 부족하게 되었을 때, "을"은 즉시 그 부족액을 "갑"에게 기탁해
  야 한다.

제13조[보증금의 반환] "갑"은 임대차계약이 종료되어 "을"에게서 상가를 명도 받았을 때는 그
  명도 완료일에 보증금을 "을"에게 반환하고, 연체임대료 또는 제10조의 손해배상금액이 있
  을 때는 이를 제하고 그 잔액을 반환한다.

제14조[이전료 등의 불청구] "을"은 본 건 상가를 명도할 때 "갑"에게 이전료, 기타 어떤 명목
  을 불문하고 금전상의 청구를 일체 하지 않는다.

제15조[명도시의 원상회복의무 등] "을"은 상가 명도시, 자기 소유 또는 보관하던 물건을 전부
  수거하고, 만약 갑의 승인하에 조작 가공한 것이 있다면 이를 전부 원상으로 복구한 후에
  "갑"의 입회를 요구, 본 건 상가를 인도한다.

제16조[불법거주에 의한 손해금] "을"은 본 계약이 종료되고도 실제로 본 건 상가를 명도하지
  않은 동안에는 임대료의 배액에 상당하는 손해금을 지급한다.

제17조[부속물매수청구권의 포기] "을"은 본 계약이 종료되었을 때 "갑"의 상가에 설치된 일
  체의 부속물에 대해서는 부속물매수청구권(권리금 등)을 갑에게 행사할 수 없다.

제18조[화재보험의 가입] "을"은 잔금 완납하는 즉시 "화재로 인한 재해보상과 보험가입에 관한
  법률"에 의한 화재보험에 가입하여야 하며, 가입하지 아니함으로써 화재 기타 이와 유사한
  재해로 발생되는 제반 손해는 "을"이 책임진다.

제19조[합의관할] 이 계약에 관한 분쟁에 대해서는 갑의 주거지의 법원을 제1심 관할 법원으로
  하는데 각 당사자는 합의한다.

제20조. 유흥주점의 허가권은 반드시 소유자 갑에게 양도한다.

※ 특약사항 : 본 계약은 위의 임대보증금 ▩▩▩▩▩이 2014년 10월 14일 까지 모두 입금완료
조건이 충족되는 시기에 완전한 계약의 성립으로 보며 본 계약서 2통을 작성, 각자 서명날인한
후, 각자 1통을 보관한다.

2014 년 10 월 14 일

임대인(갑)　주　소 : 경남 거제시 옥포 2동
　　　　　　연 락 처 :
　　　　　　주민번호 :
　　　　　　성　명 :

임차인(을)　주　소 : 경남창원시 의창구 신월1동

　　　　　　연 락 처 :

　　　　　　주민번호 :

　　　　　　성　명 :

[건물의 표시]
　1. 소　　　재 : 경상남도 창원시 성산구 상남동　　　　　　　　　호
　2. 종류 및 구조 : 위락시설 (상호.　　　　　노래방)/ 일반철골구조
　3. 건　면　적 : 전용면적　　　외에 공용면적포함 . 대지권 31.23㎡ 건물면적 143.5㎡

다른 내용은 기존의 임대차계약서와 비슷하다.

하지만 제20조 항목을 보면 "허가권은 반드시 소유자에게 양도한다"라는 문구가 있다.

허가권이 있는 물건일 경우 이 부분을 정확하게 기재를 하여야 한다.

문구가 없을 경우 계약이 끝날 무렵 허가권을 가지고 오히려 임대인에게 협박 아닌 협박을 하는 경우가 종종 벌어지기 때문이다.

4장

상가접근방법과
주의사항

상가 임장 방법

수익형 부동산 하면 상가가 가장 먼저 떠오를 것이다. 누구나 목 좋은 상가를 보면 "나도 저런 건물 하나 있으면 평생 먹고 사는 데 지장이 없을 텐데." 하는 부러움에 사로잡히곤 한다. 더군다나 지금은 대한민국 역사상 최저금리 시대이기에 더욱 그런 생각이 들 것이다. 적금이율은 뚝뚝 떨어지고 덩달아 대출이자 또한 낮아지니 많은 사람들이 수익형 부동산인 상가에 눈을 돌리기 시작한 것이다. 겉보기에 괜찮은 물건은 과열 증상까지 나타나고 있다. 하지만 수익형 부동산이라 하여 모두 괜찮은 상품이 아니므로 철저히 파악하고 접근을 해야 한다.

상가에 접근할 때 필수적으로 챙겨야 할 점들을 알아보자.

그 지역 전체 상권이 살아있는지 체크한다.

상권이 A급, B급, C급이 있다면 내가 들어갈 위치가 어디인지를 알아봐야 한다. 유동인구가 없는 곳은 들어올 수 있는 점포가 한정되어 있기 때문에 공실률이 높으며, 1~2년이 지나도 임차인이 들어오지 않은 경우가 있다.

프랜차이즈 업종인지 확인한다.

프랜차이즈 업종은 한번 들어오면 나가기가 쉽지 않다. 또한 프랜차이즈 점포는 입점할 때 비교적 많은 시간이 걸리는데, 본사에서 적절한 평형부터 입지분석, 주변세대 등 많은 것을 꼼꼼하게 체크하기 때문이다. 입점할 때 오랜 시간이 걸리는 대신 한번 입점하면 금방 나가지 않고 영업을 유지하여 재계약할 확률이 높다.

상가 관리비를 체크한다.

상가 임장 시 관리비 연체 여부는 꼭 확인해야 한다. 상가 같은 경우 관리비가 몇 백만 원부터 수천만 원까지 밀려 있는 경우가 많다. 상가 임차인들은 관리비에 상당히 민감한 반응을 보이곤 한다. 생각지도 않게 관리비가 많이 나오는 곳이 있으며, 생각보다 적게 나오는 곳도 종종 있기 때문이다. 낙찰자 입장에서는 공실일 때 이자비용과 관리비도 함께 생각해야 한다.

해당 건물의 공실과 주변 공실률을 알아본다.

내가 입찰할 물건만 공실이 없다고 좋은 것은 아니다. 기존의 임차인이 장사수완이 좋아 장사가 잘 된다고 생각해보자. 그 임차인의 경우 다른 지역으로 옮겨서 다시 장사하기란 쉽지 않다. 그렇다면 현재 상가 주변에서 장사를 해야 할 것인데, 주위에 공실이 많다면 그곳으로 쉽게 이전할 확률이 매우 높다. 반대로 공실이 없다면 임차인은 낙찰자와 재계약할 확률이 높아진다.

기존 임차인의 재계약 여부를 알아본다.

임장 시 임차인과 재계약 여부를 알아보는 것이 좋다. 하지만 입찰할 때에는 임차인이 재계약을 하지 않을 것이라 계산을 하고 입찰에 임하는 것이 좋다. 왜냐하면 낙찰 받은 후 재계약 의사를 물어보면 무리하게 보증금을 내려달라는 이야기를 많이 하기 때문이다. 여튼 재계약 의사를 비춘다는 것은 긍정적이다.

바닥권리금이 어느 정도 있는지 알아본다.

바닥권리금은 말 그래도 상권과 입지를 말하는 것이다. 그만큼 입지가 좋기에 바닥권리금이 있는 것이다. 이런 곳은 당연히 낙찰가가 높다. 그래서 입찰 전에 현 임차인에게 권리금이 있는지, 있다면 어느 정도인지 파악하는 것도 중요하다.

보증금과 임대료를 알아본다.

아파트는 임대가격을 쉽게 파악할 수 있다. 서로 차이가 난다 해도 크게 다르지 않다. 반면에 상가는 바로 옆 건물이어도 보증금과 임대료가 많은 차이를 보이곤 한다. 보증금과 임대료는 최소한 3곳 이상의 부동산중개업소를 다니며 확인하는 것이 좋다.

내부 인테리어의 수준이 어느 정도인지 알아본다.

상가는 내부 인테리어가 어느 정도 되었는지가 중요하다. 인테리어를 한 지 1~2년 정도만 된 곳이라면 재계약 확률이 높다. 포기할 보증금보다 인테리어 비용이 더 많이 들어간 곳이 있기 때문이다.

상가 주변 세대에 관해 조사한다.

상권분석의 연장선이다. 주변 세대와 그 인구의 이동경로가 중요하다. 흘러가는 상권인지, 소비하는 상권인지를 파악해야 한다. 사람들이 바쁘게 지나가는 상권이 있는 반면 사람들이 그 자리에 머물러 소비를 하는 곳이 있다. 사람들의 이동경로와 배후 단지가 얼마나 되는지 알아보아야 한다.

앞에서 말한 것들은 알아보기가 쉽다(?)고 해야 할지 몰라도 아래 두 가지는 좀 더 세밀하게 알아보아야 할 부분이다.

상가라고 다 같은 상가가 아니다.

상가건물에 내가 원하는 점포가 입점 가능한지 알아본다. 상가가 건축되었다면 최초 분양자가 있을 것이다. 최초 분양자는 점포끼리 충돌을 막기 위해 전체 상가에서 영업할 수 있는 업종을 각각 지정하는 경우가 있다. 예를 들면, 101호 약국, 102호 음식점, 103호 소매점 등등 이런 식으로 분양을 했다. 몇 년 후 나는 102호에 약국을 오픈하려고 했지만 101호의 영업행위 금지라는 소송이 들어온다. 이런 사실을 알아보지 못한 채 낙찰을 받았다면 큰 낭패를 볼 수 있다. 최초 분양자가 이런 사항을 지정한 후 분양했다면 업종이 제한될 수밖에 없다.

한 상가 안에 업종이 중복되어 들어가지 못한다는 판례가 있다.

대법원 2004. 9. 24. 선고 2004다20081 판결
[영업정지청구][공2004.11.1.(213),1728]

[판시사항]
[1] 점포별로 업종을 지정하여 분양한 상가 내 점포에 관한 수분양자의 지위를 양수한 자 등이 분양계약에서 정한 업종제한약정을 위반할 경우, 영업상의 이익을 침해당할 처지에 있는 자가 동종업종의 영업금지를 청구할 수 있는지 여부(적극)
[2] 업종이 지정된 상가 내 점포를 분양받아 기존 업종을 영업하는 수분양자나 구분소유자가 다른 수분양자 등에게 한 동종영업에 대한 승낙의 법적 성질(=업종제한의무의 상대적 면제) 및 그 효력 범위

[판결요지]
[1] 건축회사가 상가를 건축하여 각 점포별로 업종을 정하여 분양한 후에 점포에 관한 수분양자의 지위를 양수한 자 또는 그 점포를 임차한 자는 특별한 사정이 없는 한 상가의 점포 입점자들에 대한 관계에서 상호 묵시적으로 분

양계약에서 약정한 업종 제한 등의 의무를 수인하기로 동의하였다고 봄이 상당하므로, 상호간의 업종 제한에 관한 약정을 준수할 의무가 있다고 보아야 하고, 따라서 점포 수분양자의 지위를 양수한 자 등이 분양계약 등에 정하여진 업종제한약정을 위반할 경우, 이로 인하여 영업상의 이익을 침해당할 처지에 있는 자는 침해배제를 위하여 동종업종의 영업금지를 청구할 권리가 있다.
[2] 수분양자나 그 지위를 양수한 자 또는 그 점포를 임차한 자는 상호간 분양계약에서 약정한 업종제한의무를 수인하기로 하는 묵시적 동의에 따라 그 약정을 준수하여 동종영업을 하지 아니할 의무가 발생하고, 이에 대응하여 상호간에 동종영업의 영업금지청구권이 인정되는 것일 뿐이며, 분양계약의 당사자가 아닌 다른 수분양자 등에 대하여 주장할 수 있는 영업독점권이 인정될 수 없는 것이므로, 기존 업종의 영업자인 수분양자나 구분소유자의 다른 수분양자 등에 대한 동종영업에 대한 승낙은 자신의 영업금지청구권을 상대방에게 행사하지 않겠다는 의사표시로써 업종제한의무의 상대적 면제에 해당한다 할 것이고, 이는 특정 점포에서의 영업에 대한 것이므로 승낙의 상대방은 물론 그 승계인이 특정 점포에서 동종영업을 하는 것도 묵시적으로 승낙한 것으로 보는 것이 당사자들의 합리적 의사에 합치한다.

판례에 나와 있듯이 수분양자의 지위를 양수한 자나 임차인 등이 분양계약 등에서 정한 업종 제한 약정을 위반한 경우 영업상 이익을 침해당할 처지에 있는 자가 영업금지를 구할 수 있다는 것이다. 이 부분은 경매로 낙찰 받는다고 하여 예외가 아니다.

영업허가증은 돈 주고도 못 산다.

영업허가권에 대해 알아본다. 낙찰을 받고 나면 기존 영업을 다시 하는 것이 대부분이다. 그런데 기존 임차인이 재계약을 한다면 좋겠지만 경매라면 진절머리가 난다며 이사를 간다는 임차인도 많다. 이럴 때 체크해야 하는 것이 영업허가권이다. 영업허가에 규제가 없는 지역이고, 기존에 쉽게 허가를 받을 수 있는 식당 영업 등을 했던 자리라면 문제가 없다. 그런데 PC방, 노래방, 유흥주점, 모텔 등 특정 업종을 낙찰 받고자 할 때는 반드시 입찰 전에 확인해야 할 부분이다.

영업허가권 같은 경우 기존 임차인이 양도를 해주면 제일 좋지만 그게 쉽지가 않다. 무리한 이사비를 요구할뿐더러 어떤 곳은 권리금을 요구하기도 한다. 입찰 전 이런 것들을 염두에 두고 입찰해야 한다.

기존에 PC방을 하고 있다고 할지라도 개업할 당시 주변에 교육시설이 없었으나 PC방 운영 후 교육기관이 생겼는지 현재 상가가 정화구역에 속했는지 따져봐야 한다.

학교보건법 제3조 (학교환경위생 정화구역)
① 법 제5조제1항에 따라 교육감이 학교환경위생 정화구역(이하 "정화구역"이라 한다)을 설정할 때에는 절대정화구역과 상대정화구역으로 구분하여 설정하되, 절대정화구역은 학교출입문(학교설립예정지의 경우에는 설립될 학교의 출입문 설치 예정 위치를 말한다)으로부터 직선거리로 50미터까지인 지역으로 하고, 상대정화구역은 학교경계선 또는 학교설립예정지경계선으로부터 직선거리로 200미터까지인 지역 중 절대정화구역을 제외한 지역으로 한다.

제6조 (학교환경위생 정화구역에서의 금지행위 등)
① 누구든지 학교환경위생 정화구역에서는 다음 각 호의 어느 하나에 해당하는 행위 및 시설을 하여서는 아니 된다. 다만, 대통령령으로 정하는 구역에서는 제2호, 제3호, 제6호, 제10호, 제12호부터 제18호까지와 제20호에 규정된 행위 및 시설 중 교육감이나 교육감이 위임한 자가 학교환경위생정화위원회

의 심의를 거쳐 학습과 학교보건위생에 나쁜 영향을 주지 아니한다고 인정하는 행위 및 시설은 제외한다.

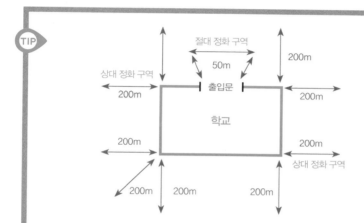

절대정화구역: 학교 출입문으로부터 직선거리 50미터까지의 지역으로 학교보건법 제6조에 명시된 시설물은 절대 설치 금지.

상대정화구역: 학교 경계선으로부터 직선거리 200미터까지의 지역 중 절대정화 구역을 제외한 지역으로 학교보건법 제6조에 명시된 시설물은 절대 설치가 금지되나 일부 시설물은 교육청 학교환경위생정화위원회 심의, 의결을 거쳐 학생들의 학습 및 학교보건위생에 지장이 없을 경우 설치가 가능.

유흥주점 허가받기

일단 유흥주점을 낙찰 받기 전에는 그 업종이 노래연습장인지, 단란주점인지, 일반유흥주점인지를 알아야 한다.

1) 노래연습장: 청소년 출입 가능, 술과 도우미는 불법.

2) 단란주점식 노래방: 청소년 출입 불가, 술 판매 가능, 도우미 불가.

3) 일반 유흥으로 노래방: 청소년 출입 불가, 술 판매 가능, 도우미 착석 가능.

구분	노래연습장	단란주점	유흥주점
관계법령	음반산업진흥에 관한 법률	식품위생법	식품위생법
건축법용도	2종근린생활시설	2종근생/위락시설	위락시설
기준면적	–	150㎡	–
시설면적	–	객실이 전체 면적의 1/2을 초과할 수 없음	–
영업범위	노래, 음료수	노래, 술	노래, 술, 도우미
절차	등록	허가	허가
담당기관	시, 군, 구청	시, 군, 구청	시, 군, 구청
지도단속 부서	보건소 또는 위생과	보건소 또는 위생과	보건소 또는 위생과

기존에 영업허가권을 양도 받지 못할 시 이 모든 요건을 충족해야 한다. 또한 소방시설이라든지 전기 등 비용이 엄청나게 많이 들어가는 부분도 생각을 해야 한다. 소방법 같은 경우 매년 강화되기 때문에 비용이 만만치 않을뿐더러 인테리어 자체를 들어내어 해야 하는 경우도 있다. 유흥주점 같은 경우 중과세가 부담되기 때문에 훨씬 많은 취득세를 지불해야 할 수도 있다. 그렇다면 어떤 경우에 중과세 부담이 되는 걸까?

유흥주점 중과세

유흥주점을 입찰할 때 많은 사람들이 잘못 알고 있는 부분이 중과세율이다. 유흥주점도 낙찰을 받게 되면 똑같은 취득세, 재산세를 납부하는 줄 알고 있는데 그것은 잘못된 상식이다. 중과세율은 일반 매물과 크게 다르다. 유흥주점이라고 해서 모두 중과세 대상이 되는 것은 아니다. 객실이 4개 이하인 경우, 객실면적이 작은 경우(TIP 참고)에는 중과세 대상에서 벗어나 일반세율로 측정된다.

보통 공무원이 조사를 나가는 시점은 5~7월 사이이며, 이 사이에 중과 대상이 된다면, 중과세된 금액을 납부해야 한다. 유흥주점을 낙찰 받기 전에 이러한 부분까지 세세하게 조사할 필요가 있다.

또, 유흥주점을 임대해줄 때 계약서의 특약사항에 중과세 부분을 다룰 필요가 있다. 분명 임대를 내어줄 때에는 방이 3개였는데 임차인이 건물주가 모르는 사이 방을 하나 더 만들어 영업을 하다가 적발되어 중과세율로 책정되기도 하기 때문이다. 이러한 부분을 막기 위해 계약서에 "증가세율이 나올 시 임차인이 부담한다"라는 특약사항을 넣어두는 것이 좋다.

유흥주점 중과세

1. 대상
영업장 면적이 100㎡를 초과하고, 유흥접객원이 있으며, 객실이 5개 이상으로 일정 요건에 해당하면 중과세 대상 (단, 객실이 4개 이하인 경우에도, '객실면적÷영업장 전용면적≧50%'인 경우 중과세 대상에 해당됨)

2. 중과세율
- 취득세: 5배 중과(일반세율 2%→10%로 중과)
- 재산세: 16배 중과(일반세율 0.25%→4%로 중과)
- 공동시설세: 2배 중과(일반세율 0.5%~1.3%→1%~2.6%로 중과)

3. 납세자 및 납세의무 성립 시기
- 취득세 납세자는 유흥영업허가, 승계, 변형 당시 건물 및 토지소유자
- 재산세 납부의무자는 매년 6월 1일 현재 유흥영업장의 건물 및 토지소유자
- 취득세는 1회 중과되며, 취득 후 5년 경과 후에는 중과세되지 않음
- 재산세는 보유나 실제 사용 기간과 관계없이 매년 6월 1일 중과요건에 해당되면 당해연도 건물, 토지분 재산세가 전부 중과됨

위 항목 중에 하나라도 성립이 된다면 중과세를 부담해야 하며 이 모든 요건이 성립되지 않는다면 중과세는 부과되지 않는다. (각 지역마다 정하는 규정이 다르므로 확인해봐야 한다.)

건축법과
건축허가권

　많은 사람들이 숙박업소 사업에 관심을 갖는다. 숙박업소 같은 경우 기존에는 숙박업이 가능했으나 이제는 안 되는 지역이 많다. 그렇게 되면 정말이지 허가권에 관해서는 상당히 예민할 것이다. 숙박업소는 강제집행도 쉽지가 않을 뿐더러 엄청난 이사비가 든다. 창문이 작아 이삿짐을 나르는 것도 쉽지 않으며, 방이 많고 전체 면적이 크기 때문에 여간 까다로운 게 아니다.

　무엇보다 허가권이 가장 중요하므로 입찰하기 전 허가권 문제는 꼭 짚어보고 들어가야 한다. 상가 입찰하기 전 시, 군청에 연락을 하여 미리 알아보는 것도 많은 도움이 된다.

　이 외에도 공사가 중단된 건물이라든지 전 땅 주인이 받아놓은 허가권이라든지 여러 가지 문제가 있는 경우가 많다. 공사나 전 주인의 땅 허가권 또한 전 소유자나 전 임차인과 협의를 통해서 영업허가권을 양도받아야지, 막무가내로 허가권을 취득할 수는 없다. 영업허가권을 잘못 인식하고 입찰하다가는 배보다 배꼽이 커지는 경우도 종종 있다.

건축 중인 건물을 낙찰 받을 때에도 건축허가권에 대해서 알아야 한다.

제11조(건축허가)

① 건축물을 건축하거나 대수선하려는 자는 특별자치도지사 또는 시장·군수·구청장의 허가를 받아야 한다. 다만, 21층 이상의 건축물 등 대통령령으로 정하는 용도 및 규모의 건축물을 특별시나 광역시에 건축하려면 특별시장이나 광역시장의 허가를 받아야 한다.

② 시장·군수는 제1항에 따라 다음 각 호의 어느 하나에 해당하는 건축물의 건축을 허가하려면 미리 건축계획서와 국토해양부령으로 정하는 건축물의 용도, 규모 및 형태가 표시된 기본설계도서를 첨부하여 도지사의 승인을 받아야 한다.

　1. 제1항 단서에 해당하는 건축물

　2. 자연환경이나 수질을 보호하기 위하여 도지사가 지정·공고한 구역에 건축하는 3층 이상 또는 연면적의 합계가 1천 제곱미터 이상인 건축물로서 위락시설과 숙박시설 등 대통령령으로 정하는 용도에 해당하는 건축물

　3. 주거환경이나 교육환경 등 주변 환경을 보호하기 위하여 필요하다고 인정하여 도지사가 지정·공고한 구역에 건축하는 위락시설 및 숙박시설에 해당하는 건축물

③ 제1항에 따라 허가를 받으려는 자는 허가신청서에 국토해양부령으로 정하는 설계도서를 첨부하여 허가권자에게 제출하여야 한다.

④ 허가권자는 위락시설이나 숙박시설에 해당하는 건축물의 건축을 허가하는 경우 해당 대지에 건축하려는 건축물의 용도·규모 또는 형태가 주거환경이나 교육환경 등 주변 환경을 고려할 때 부적합하다고 인정하면 이 법이나 다른 법률에도 불구하고 건축위원회의 심의를 거쳐 건축허가를 하지 아니할 수 있다.

⑤ 제1항에 따른 건축허가를 받으면 다음 각 호의 허가 등을 받거나 신고를 한

것으로 보며, 공장건축물의 경우에는 「산업집적활성화 및 공장설립에 관한 법률」 제13조의2와 제14조에 따라 관련 법률의 인·허가 등이나 허가 등을 받은 것으로 본다.〈개정 2009.6.9〉

1. 제20조제2항에 따른 공사용 가설건축물의 축조신고
2. 제83조에 따른 공작물의 축조신고
3. 「국토의 계획 및 이용에 관한 법률」 제56조에 따른 개발행위허가
4. 「국토의 계획 및 이용에 관한 법률」 제86조제5항에 따른 시행자의 지정과 같은 법 제88조제2항에 따른 실시계획의 인가
5. 「산지관리법」 제14조와 제15조에 따른 산지전용허가와 산지전용신고. 다만, 보전산지인 경우에는 도시지역만 해당된다.
6. 「사도법」 제4조에 따른 사도(私道)개설허가
7. 「농지법」 제34조, 제35조 및 제43조에 따른 농지전용허가·신고 및 협의
8. 「도로법」 제38조에 따른 도로의 점용허가
9. 「도로법」 제34조와 제64조제2항에 따른 비관리청 공사시행 허가와 도로의 연결허가
10. 「하천법」 제33조에 따른 하천점용 등의 허가
11. 「하수도법」 제27조에 따른 배수설비(配水設備)의 설치신고
12. 「하수도법」 제34조제2항에 따른 개인하수처리시설의 설치신고
13. 「수도법」 제38조에 따라 수도사업자가 지방자치단체인 경우 그 지방자치단체가 정한 조례에 따른 상수도 공급신청
14. 「전기사업법」 제62조에 따른 자가용전기설비 공사계획의 인가 또는 신고
15. 「수질 및 수생태계 보전에 관한 법률」 제33조에 따른 수질오염물질 배출시설 설치의 허가나 신고
16. 「대기환경보전법」 제23조에 따른 대기오염물질 배출시설설치의 허가나 신고
17. 「소음·진동관리법」 제8조에 따른 소음·진동 배출시설 설치의 허가나 신고

⑥ 허가권자는 제5항 각 호의 어느 하나에 해당하는 사항이 다른 행정기관의 권한에 속하면 그 행정기관의 장과 미리 협의하여야 하며, 협의 요청을 받은 관계 행정기관의 장은 요청을 받은 날부터 15일 이내에 의견을 제출하여야 한다. 이 경우 관계 행정기관의 장은 제8항에 따른 처리기준이 아닌 사유를 이유로 협의를 거부할 수 없다.

⑦ 허가권자는 제1항에 따른 허가를 받은 자가 다음 각 호의 어느 하나에 해당하면 허가를 취소하여야 한다. 다만, 제1호에 해당하는 경우로서 정당한 사유가 있다고 인정되면 1년의 범위에서 공사의 착수기간을 연장할 수 있다.

1. 허가를 받은 날부터 1년 이내에 공사에 착수하지 아니한 경우
2. 허가를 받은 날부터 1년 이내에 공사에 착수하였으나 공사의 완료가 불가능하다고 인정되는 경우

⑧ 제5항 각 호의 어느 하나에 해당하는 사항과 제12조제1항의 관계 법령을 관장하는 중앙행정기관의 장은 그 처리기준을 국토해양부장관에게 통보하여야 한다. 처리기준을 변경한 경우에도 또한 같다.

⑨ 국토해양부장관은 제8항에 따라 처리기준을 통보받은 때에는 이를 통합하여 고시하여야 한다.

건축허가권을 넘겨주지 않을 때

건물을 짓기 위해서는 '건축허가권'을 발급받아야 한다. 허가를 받아 건축하는데 도중에 건축주가 변경되는 경우가 있다. 이런 경우 건축허가권을 양수 받아야 한다. 하지만 건축 중이던 건물이 경매로 넘어가거나 건축주가 채무를 감당하지 못하여 빚쟁이 신세로 잠적한 경우 건축주명의변경동의서를 못 써주기도 한다. 이런 상황을 약점으로 이용하여 거액을 요

구하는 건축주까지 있어 종종 문제가 발생한다.

　이런 일을 막기 위해 대법원에서는 경매로 취득한 경우 특별히 건축주명의변경을 할 수 있도록 판례로 지정해두었다. 건축허가권은 허가받는 사람과 협상을 해서 양수 받는 것이 제일 좋은 방법이지만 협상이 잘 안 될 때는 건축주명의변경을 신청하면 된다(단, 건축 중인 건물까지 취득한 경우에 한한다).

대법원 2010.5.13. 선고 2010두2296 판결

[판시사항]

토지와 그 토지에 건축 중인 건축물에 대한 경매절차상의 확정된 매각허가결정서 및 그에 따른 매각대금 완납서류 등이, 건축 관계자 변경신고에 관한 구 건축법 시행규칙 제11조 제1항 제1호에 규정한 '권리관계의 변경사실을 증명할 수 있는 서류'에 해당하는지 여부(적극)

[판결요지]

구 건축법(2008. 3. 21. 법률 제8974호로 전부 개정되기 전의 것) 제10조 제1항 및 구 건축법 시행령(2008. 10. 29. 대통령령 제21098호로 개정되기 전의 것) 제12조 제1항 제3호 각 규정의 문언내용 및 형식, 건축허가는 대물적 성질을 갖는 것이어서 행정청으로서는 그 허가를 할 때에 건축주가 누구인가 등 인적 요소에 관하여는 형식적 심사만 하는 점, 건축허가는 허가대상 건축물에 대한 권리변동에 수반하여 자유로이 양도할 수 있는 것이고, 그에 따라 건축허가의 효과는 허가대상 건축물에 대한 권리변동에 수반하여 이전되며 별도의 승인처분에 의하여 이전되는 것이 아닌 점, 민사집행법에 따른 경매절차에서 매수인은 매각대금을 다 낸 때에 매각의 목적인 권리를 취득하는 점 등의 사정을 종합하면, 토지와 그 토지에 건축 중인 건축물에 대한 경매절차상의 확정된 매각허가결정서 및 그에 따른 매각대금 완납서류 등은 건축 관계자 변경신고

에 관한 구 건축법 시행규칙(2007. 12. 13. 건설교통부령 제594호로 개정되기 전의 것) 제11조 제1항 제1호에 규정한 '권리관계의 변경사실을 증명할 수 있는 서류'에 해당한다고 봄이 상당하다.

족장

상가 낙찰 잘 받는 방법

1. 남들이 꺼려하는 업종을 공략하라.

상가에는 여러 가지 종류가 있다. 일반음식점, 오락실, 커피·제과점, 판매업, 학원, 병원, 숙박업소, 유흥업소 등등 여러 종류의 상가임차인이 있다. 이중 많은 사람들이 원하는 임차인은 병원이나 학원이다. 반면에 유흥업소나 성인 오락실이 들어오면 좋지 않다는 생각을 한다. 유해업소를 살펴보면 성인오락실 같은 경우는 월세가 높지 않으면서 이미지도 안 좋으나, 유흥주점 같은 경우는 임차보증금과 월세가 비교적 높은 편으로 매력이 있다. 여러 가지 이유가 있겠지만 인테리어라든지 허가권으로 지불한 권리금이라든지 비교적 큰 금액이 투자되었기 때문이다. 또 요즘은 유흥주점이라고 해서 모두 건장한(?) 사내만 있는 것은 아니다. 사람들이 꺼려하고 쉽사리 접근하지 못하는 업종을 선택하여 틈새를 노리는 것도 좋다.

2. 공실을 공략하라.

상가 입찰을 할 때에 제일 무서운 것은 공실이다. 앞서 아파트에서도 이야기했지만, 그동안 공실이었다면 공실인 원인을 찾아야 한다. 정말 위치가 안 좋아 공실인지, 경매가 진행 중이라 들어오지 못한 것인지에 따라다르기 때문이다. 경매 때문이라면 매각이 되기까지 1년 여 시간 동안 들어오고 싶은 업종이 있어도 들어올 수 없다. 주택임대차보호법 같은 경우최우선변제금액이 있기에 최우선변제금액만큼만 임차로 들어오는 사람들이 있다. 하지만 상가인 경우 상가임대차보호법이 있더라도 그 금액보다 상가를 꾸미는 인테리어비용이 들어가기 때문에 접근을 못하는 경우도 많다. 남들이 꺼려하는 공실이지만 그 이유가 자연스럽게 해결될 수 있는 곳이라면 공략하는 것이 좋다.

3. 고층 프랜차이즈를 공략하라.

많은 사람들이 좋아하는 업종 중에는 1, 2층이 함께 복층 식으로 연결된 프랜차이즈다. 특히 커피숍이나 패스트 푸드점을 많이 선호한다. 하지만 경매에서 1, 2층을 낙찰 받기란 여간 어려운 일이 아니다. 애초부터 1, 2층을 낙찰 받겠다는 생각을 버리고 고층의 프랜차이즈 병원, 학원 등을 노려보는 것도 좋다. 실제 고층 프랜차이즈도 비용이 적게는 몇 천만 원부터 많게는 10억 원 이상 들어가는 업종이 많기 때문에 웬만한 1층보다 효율적인 임차인이 될 가능성이 크다.

4. 항아리 상권을 공략하라.

보통 상권이라 하면 역세권 상권을 떠올리게 된다. 역세권 상권은 교통이 편리하고 유동인구가 많아 높은 임대수익이 가능하다. 하지만 역세권 상권 내 상가는 분양가가 비싸고 업종 간 경쟁이 치열한 편이다. 반면에 항아리 상권은 조금 다르다. 다른 말로는 섬 상권이라고 표현하기도 하는데, 물이 넘치는 항아리처럼 수요가 항상 공급을 초과한다는 뜻이다. 따라서 임차인들이 역세권만큼이나 선호하는 상권이다.

항아리 상권의 대표적인 곳은 경기도 이천이 아닐까 한다. 이천의 경우 SK하이닉스에서 많은 소득이 있는 반면, 소비를 할 곳이 정해져 있다. 소비가 타 지역으로 뻗어나가지 않고 이천 지역에서 대부분 이루어진다. 그렇다보니 전국 프랜차이즈에서 많이 선호하는 지역이며, 놀랍게도 프랜차이즈 매출 또한 전국에서 1, 2위를 하는 업종이 많다.

5. 매매차익인지 임대수익인지 확실하게 방향을 정해야 한다.

상가에 입찰하는 주된 목적이 무엇인가? 매매차익? 임대수익? 많은 사람들이 상가를 입찰하는 제일 큰 이유는 임대수익이라고 생각한다. 그런데 막상 입찰을 할 때에는 매매차익과 임대수익 두 가지 토끼를 다 잡으려하다 보니 아예 몽땅 놓치는 경우가 많다.

감정가 7억 원에 보증금 5,000만 원, 월세 400만 원이라 가정한다면 얼마에 입찰하겠는가? 임대수익도 얻고 싶고 시세차익도 얻고 싶다고 하면 분명 5억 원 초중반의 가격에 입찰을 할 것이다. 하지만 나는 5억 원 후반이나 6억 원 초반에 입찰했을 것이다. 6억 5천만 원에 낙찰을 받더라도 이 상가의 수익률은 약 8%이다. 경매는 경락대출이 많이 된다는 이점이 있다. 6억 5천만 원에 낙찰을 받아 80%를 대출받았다고 한다면 1년 월세 4,800만 원, 1년 이자 2,600만원(4% 기준), 실투자금(매매가액-대출금액-임차보증금)을 산출해보면 투자금이 약 8천만 원가량 들어가면서 한 달 월세수익은 이자를 제외하고도 약 183만 원가량 나오게 된다.(수익률 27.3%) 위 경우는 쉽게 설명하기 위해서 참고용으로 가정한 사례일 뿐이다. 매매차익을 보기 위해서는 확실하게 매매차익, 임대수익을 원한다면 임대수익, 한 방향으로 정한 뒤 입찰하는 것이 좋다.

5장

프랜차이즈가
입점한 상가 낙찰기

상가의 제대로 된 수익은 3층부터다

부동산경매가 대중화되면서 많은 사람들이 전업투자에 대해 관심을 보인다. 사회 초년생부터 주부, 은퇴를 앞둔 직장인까지 다양한 사람들이 선호하는 이유는 특별한 자격증이 없이도 누구나 할 수 있다는 것과 경매투자로 적게는 몇 백만 원부터 많게는 수 억 원까지 수익을 낼 수 있다는 점이다. 다른 이의 성공담으로 월급쟁이였던 자신을 다시 한 번 돌아보고 부동산경매에 대한 긍정적인 생각을 갖게 되는 것이다.

하지만 이것은 그저 경매의 긍정적인 측면만 봤을 때이다. 사실 아파트한 채를 매도하기까지는 시간과 돈 그리고 수많은 노력과 경험이 필요하다. 이것들을 갖춰야만 꾸준한 투자를 해나갈 수 있다. 낙찰 받고 싶은 물건은 다 받을 수 있고 꾸준한 수익을 낼 수 있다면 다행이지만 그렇지 못한 경우가 대부분이다. 아무런 계획 없이 전업투자를 시작한 사람은 100명 중에 5명도 살아남기 힘들다. 왜 포기할 수밖에 없는 것일까?

가장 큰 이유는 매달 들어오는 고정 수입을 만들지 못하기 때문이다. 매달 일정한 지출이 있기 마련인데 고정적인 수입이 없다보면 투자를 위해준비해두었던 종자돈이 줄어들 수밖에 없다. 낙찰을 받으면 매도까지 최소 3개월에서 길게는 몇 년이 걸리는 경우가 다반사인데 기약 없이 기다리는 것 또한 쉬운 일이 아니다. 그래서 필자는 전업투자자를 염두에 두고 있는 사람들에게 주거용 물건으로 단기간에 사고파는 전략보다는 매월 안정적인 현금흐름을 만들 수 있는 수익형 부동산을 추천한다. 수익형 부동산으로는 다가구나 근린주택, 근린시설 등 여러 종류 중에서 나는 근린상가를 좋아한다.

TIP 근린상가의 장점

1. 임차인들이 선호하는 편이다.
   (대단지 주변에 만들어지는 상권이라 유동인구가 많다.)

2. 레버리지를 최대한 활용할 수 있다.
   (주거용보다 좀더 많은 대출을 받을 수 있다.)

3. 프랜차이즈가 입점할 확률이 높다.
   (중심상권에 프랜차이즈가 입점할 경우 건물의 가치를 극대화할 수 있다.)

4. 정해진 임대료가 없다.
   (아파트나 빌라의 경우 어느 정도 임대료가 정해져 있지만 상가의 경우 임대료는 소유주의 재량(?)이 큰 편이다.)

사람들이 많이 오해하는 것 중 하나는 건물 1층에 좋은 업종이 영업하고 있을 경우에만 좋은 건물로 생각하는 것이다. 그러다보니 1층에 유명 커피숍이 있으면 거의 시세와 같은 높은 수준으로 낙찰되기도 한다. 유명 커피숍 및 체인점에 현혹되어 경매의 장점을 살리지 못한 사례들이 많다.

그런데 프랜차이즈는 1층에만 있는 것이 아니다. 나는 오히려 1층의 프랜차이즈보다 고층에 있는 프랜차이즈를 선호하는 편이다. 고층에 있는 프랜차이즈 중에서 대표적인 것이 바로 영어학원이다. 영어학원을 선호하는 이유는 여러 가지가 있는데, 우리나라 사람들은 아이, 어른 할 것 없이 영어를 꼭 배워야 한다는 생각을 갖고 있기에 수요층이 두텁다는 부분이다. 그래서 영어학원의 몸집은 점점 커지고 전문적으로 영어를 가르치는 학원들도 많아졌다.

랭킹	영어학원명	평균매출액	초기가맹금	초기보증금
1	아발론교육 어학원	1,587,310	341,000	50,000
2	폴리어학원	1,565,385	275,000	없음
3	정상어학원 (JLS)	1,308,006	308,000	130,000
4	청담어학원	1,235,197	77,000	50,000
5	토피아 잉글리쉬존	1,111,540	220,000	50,000
6	스폴어학원 (SPOL)	705,380	33,000	없음
7	밤비니교육센터	640,263	142,090	10,000
8	이디아이박정어학원 (Edi)	622,759	77,000	없음
9	파고다 주니어	560,657	33,000	10,000
10	에이프릴어학원 (April)	542,545	55,000	50,000
11	원더랜드 (퀘스트아카데미)	500,000	80,000	10,000
12	아이엘에스 (ILS)	490,527	39,600	없음
13	한국외국어대학교 외대어학원	454,796	77,000	없음
14	민병철스피킹웍스	431,709	77,000	10,000
15	이씨씨 (ECC)	414,076	55,000	30,000
16	정철어학원 주니어	304,180	55,000	없음
17	문단열의 아이스펀지 잉글리쉬	283,749	33,000	없음
18	랭콘잉글리쉬	278,056	170,500	30,000
19	지앤비영어전문학원	228,527	14,900	없음
20	이보영의 토킹클럽	185,502	22,000	없음

〈한국경제〉 2012. 5. 31(단위: 천 원)

우리나라 사람들이 많이 이용하는 영어학원 1~20위까지의 순위이다. 1위는 아발론교육 어학원으로 창업을 하기 위해서는 점포비용을 제외한 비용이 약 10억 원 정도 든다. 여기에 점포 비용을 더한다면 더욱 많은 금

액이 들어갈 수밖에 없다. 평균 면적이 250평인 대형 학원이며, 교육프로
그램이 체계적으로 되어 있어 많은 학부모들이 선호하는 편이다. 대형 어
학원이 입점한다면 그 건물은 어떻게 될까? 자연적으로 건물가치가 상승
할 뿐 아니라 주위 상가 점포도 학원으로 채워지기 마련이다. 아발론 어학
원이 입점을 하게 되면 그 지역에 많은 학생들이 모이게 되고 어학원 이외
의 학원들도 늘어나게 된다.

물건검색

　많은 투자자들이 수익형 부동산인 상가가 좋다는 것은 알고 있다. 하지만 상가의 경우 주거용과 다르게 공실의 위험도가 높아 한편으로 꺼리는 것이 사실이다. 하지만 상가를 보는 정확한 안목이 있다면 전혀 문제될 것이 없다. 안목이란 특별한 것이 아니다. 이 위치에는 어떤 업종이 들어가야 좋을지를 생각하고, 남들이 다 볼 수 있는 시각보다 조금만 더 멀리 볼 수 있다면 족하다.

　경매물건 검색을 하던 중 유명 학원이 입점해 있는 상가가 눈에 띄었다. 4, 5층(180평) 전부를 사용하고 있으며 뒤편에는 어린이 영어유치원까지 함께 운영하고 있었다. 임차인 입장에서는 경매로 인해 보증금을 손해 보는 상황일지라도 쉽게 나갈 것 같진 않았다. 경매서류와 지적도를 번갈아가며 확인했고, 물건검색과 동시에 현장에 갔더니 임차인이 영업 중이었다. 혹시 임차인이 입찰을 생각하고 있을 수도 있어서 주변만 체크하고 돌아왔다.

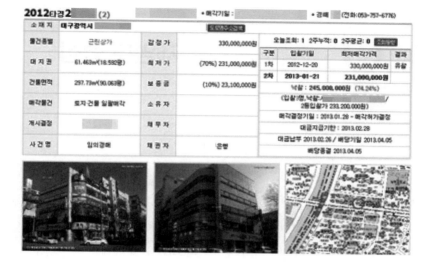

2012타경2███ (2)			• 매각기일 :		• 경매 ███ (전화:053-757-6776)			
소 재 지	대구광역시 ███			도로명주소검색				
물건종별	근린상가	갑 정 가		330,000,000원	오늘조회: 1 2주누적: 0 2주평균: 0 조회동향			
대 지 권	61.463㎡(18.592평)	최 저 가		(70%) 231,000,000원	구분	입찰기일	최저매각가격	결과
					1차	2012-12-20	330,000,000원	유찰
건물면적	297.73㎡(90.063평)	보 증 금		(10%) 23,100,000원	2차	2013-01-21	231,000,000원	
매각물건	토지·건물 일괄매각	소 유 자			낙찰: 245,000,000원 (74.24%)			
개시결정	███	채 무 자			(입찰3명,낙찰:A████████ / 2등입찰가 233,200,000원)			
사 건 명	임의경매	채 권 자		은행	매각결정기일 : 2013.01.28 - 매각허가결정			
					대금지급기한 : 2013.02.28			
					대금납부 2013.02.26 / 배당기일 2013.04.05			
					배당종결 2013.04.05			

　입찰 당일까지 낙찰가 선정으로 매우 고심했다. 한 호수가 아닌 4, 5층을 모두 낙찰 받아야 하니 두 물건의 가격산정이 쉽지 않았다. 만약 5층만 받고 4층을 받지 못하여 4층 낙찰자가 임차인과 협의점을 찾지 못해 명도해버리면 생각지도 못한 상황이 발생되는 것이다. 그렇다고 낙찰가를 너무 높일 수도 없고 고민이었다. 마음을 비우고 적당한 금액을 산출하여 입찰에 임했다.

　그런데 경매를 하며 희한한 것은 입찰 전 일어나지 않았으면 하는 상황이 가끔 벌어진다는 것이다. 4층은 패찰하고 5층만 낙찰 받은 것이다. 그런데 4층 낙찰자도 5층에 입찰을 한 것 같았다. 두 사람 다 4, 5층을 모두 입찰했지만 각각 한 층씩만 낙찰 받게 된 것이다. 입찰법정에서 서로 연락처를 교환하고 멋쩍게 웃고는 헤어졌다.

재임대 협상

　낙찰 받은 뒤 법적절차에 관해 간단하게 설명한 내용증명을 발송한 후 임차인과 만났다. 상가 같은 경우 임차인과 대면을 할 때에는 다른 장소가 아닌 해당 장소에서 만나는 것이 낙찰자 입장에서는 유리할 때가 많다. 현재 임차인이 영업을 하는 곳이고 그곳이 경매로 나온 사실이 직원이라든지 학생들이 알게 되면 좋지 않기 때문에 명도가 쉽게(?) 잘 되는 경우가 많다. 교육시설 같은 경우 이런 약발이 더 잘 먹힌다. 4층 낙찰자와 통화하면서 재임대했다는 소식까지 들었다. 나 또한 손쉽게 재계약이 가능할 것이라 생각하고 임차인과 대면을 하였다.

　족장: 안녕하세요.

　임차인: 네, 안녕하세요. 이곳을 어떤 목적으로 낙찰 받으셨나요?

　족장: 저는 이곳을 다른 분에게 임대를 주기 위해서 낙찰 받았습니다.

　임차인: 그럼 제가 나가 드리면 되는 건가요?

　족장: (나간다고?) 네, 그렇게 해주시면 됩니다.

　임차인: 그럼 제가 언제까지 비워주면 되는 건가요?

족장: 소유권이전이 되었으니 하루라도 빨리 비워주시면 됩니다.

임차인: 네, 알겠습니다.

족장: 참 부동산에서 보러 오면 잘 보여주시구요, 간판은 떼어주세요.

임차인: 네, 그렇게 하겠습니다.

임차인이 나간다는 것이다. 그것도 아주 공손하게 나간다는 것이다. 4층은 재계약을 했고 5층은 빼버리겠다는 것인데 난감하기 그지없었다. 임차인 같은 경우 5층이 꼭 필요할 텐데 뒤도 돌아보지 않고 나간다? 5층이 필요하다는 것은 기존 임차인도 나도 잘 알고 있는 사실인데, 왜 저렇게 강하게 나오는지 알 수가 없었다. 그에 따른 작전을 세우기 시작했다.

위장임차인을 들이다

경매를 하다보면 위장임차인이라는 말을 많이 듣는다. 낙찰자 입장에서 위장임차인은 때론 독으로 때론 득으로 돌아오는 경우가 있다. 누군가가 지속적으로 두드려야 기존의 임차인도 위기감(?)을 느낄 것 같아 이번엔 내가 위장임차인을 섭외하여 영어학원에 방문시켰다. 위장임차인이 정말 임차를 할 것 같이 영어학원 내부를 꼼꼼하게 둘러보기 시작했다. 그런데 이 상황을 바라보던 기존 임차인의 얼굴이 상기되기 시작했다. 위장임차인은 당장이라도 계약을 할 듯한 제스처를 보냈다. 미리 이 상황을 연출했기에 일부러 현재의 임차인이 있는 앞에서 이야기를 했다.

위장임차인: 빠르면 언제쯤 입점이 가능하죠?

족장: 네, 언제든지 가능합니다. 기존의 임차인께서 빠른 시일 안에 빼 주시겠답니다.

위장임차인: 간판은 어떻게 해야 하나요?

족장: 당연히 저희 쪽에서 전부 해드리도록 하겠습니다.

위장임차인: 그렇다면 생각한 후 연락드려도 될까요?

족장: 네, 그럼요. 언제든 연락주세요.

위장임차인: 웬만해서는 제가 계약을 하도록 할 테니 다른 분께는 임대주 지 말아주세요. 3일 안에 연락드릴게요.

족장: 네, 알겠습니다.

이틀 후, 예상대로 기존 임차인이 전화를 했다.

임차인: 사장님, 혹시 저번에 건물 보고 가신 분 들어온다고 하던가요?

족장: 그럼요. 최대한 빨리 빼주신다고 하셔서 저도 그분께 그렇게 말씀 드렸습니다. 무슨 문제가 있나요?

임차인: 저, 그게 아니고 혹시 30평만 임대가 가능할까요?

족장: 30평만…, 무슨 말씀이신지요?

임차인: 저희는 뒤편 강의실만 있으면 될 것 같아서요.

족장: 아시다시피 지금 임차를 하고 싶다는 분이 계십니다. 그분께서 전 체를 원하셔서 그분과 상의를 해봐야 할 것 같습니다.

임차인: 꼭 좀 부탁드리겠습니다.

족장: 그렇다면 임대료를 더 많이 내셔야 할 수도 있습니다.

임차인: 네, 그 부분은 걱정하지 마세요. 너무 무리한 금액만 아니면 제가 내도록 하겠습니다.

매도까지
고려한 임대료

　기존 임차인이 30평만 임차를 한다고 했다. 90평 중에 30평만. 4층에서는 계속 영업을 하면서 5층은 일부만 쓰겠다는 것이다. 어중간한 평수만 쓰면 나머지 공간에 다른 임차인이 들어올 때 제약이 따를 수밖에 없다. 반대로 유명 프랜차이즈 영어학원을 옆에 두고 뭔가를 운영한다면 그만큼 수혜를 볼 수도 있다고 생각했다. 기존의 임차인과 다시 협상테이블에 마주 앉았다.

족장: 30평만 임대를 원하신다면, 후면부로 가셔야 할 것 같습니다. 임대료는 보증금 1천만 원과 월세 60만 원입니다.

임차인: 임대료가 너무 쎈 것 같은데요. 4층은 90평을 다 쓰는데도 보증금 3천만 원에 월세 150만 원밖에 하지 않습니다.

족장: 그분과 저는 입장이 다릅니다. 이 가격도 새로 들어온다는 임차인 (?)보다 월세를 10만 원 정도 저렴하게 해드린 것입니다. 원하지 않으면 안 하셔도 됩니다. 여기 들어오겠다는 분도 전부 쓰기를 원하시는데, 기존 임차인께서 원하시기에 최대한 편의를 봐드리려고 하는 것

입니다. 그분께 최대한 양해를 구해 겨우 설득했습니다. 어떻게 하시 겠어요? 기존에 계셨으니 제가 손해를 보더라도 최대한 편의를 봐드 리는 것입니다.

임차인: 알겠습니다. 내일 바로 계약하도록 하겠습니다.

협상을 잘 하려면 상대방에게 무엇이 필요한지 먼저 파악해야 한다. 나 는 인테리어나 학원 규모를 보고 분명 더 필요할 것이라 판단했다. 90평 중에서 일단 30평을 임대한 뒤 이제 진짜(?) 임차인을 찾기 시작했다. 중개 업소에 방문하여 유명 프랜차이즈를 옆에 둔 학원이란 점을 강조했더니 새로운 임차인을 구하는 데 그리 어렵지 않았다. 얼마 후 수학학원에서 임 대 제의가 들어와 만족할 만한 금액에 임대를 놓게 되었다. 이 물건 같은 경우 대출을 90% 받으니 실투자금 하나 없이, 한 달에 100만 원 이상의 수 익을 가져다주는 연금복권으로 탈바꿈하였다.

TIP 상가 임대료 산정 방법

상가는 아파트나 원룸과 비슷하게 임대료를 정해서는 안 된다. 아파트나 원룸 같은 경우 시세가 정해져 있으므로 일정한 가격으로 임대를 해야 하지만 상가는 그렇지 않 다. 상가 임대료는 정해진 기본 선이 없기 때문에 건물주 스스로 산정하는 것이다.
부동산중개업소에서는 대부분 내가 정한 임대료에 임대 놓기 힘들다는 이야기를 많 이 한다. 하지만 이번 경우도 마찬가지이다. 4층의 임대료는 보증금 약 3천만 원에 월세는 150만 원 정도이다. 5층의 임대료는 보증금 4천만 원에 월세를 180만 원 정도 받게 되었다.
이는 매도를 할 때 큰 영향을 미치게 된다. 나는 4층보다 높은 5층을 매입하였지만 4층보다 보증금 1천만 원, 월세 30만 원 정도를 더 받을 수 있었고, 이 물건을 진행 하면서 들인 비용은 실투자금 1천만 원 정도뿐이다. 이자를 제외한 월세 수입은 약 110만 원가량 된다.

6장

함께 가면
좋은 경매

단점을 커버하는 장점 찾기

경매를 하면서 인맥의 중요성을 많이 느낀다. 자기만의 노하우를 꽁꽁 숨겨두고 혼자만 아는 것처럼 행동하는 사람을 곧잘 보곤 하는데, 이런 사람들이 경매로 성공하기가 결코 쉽지 않다. 어떤 일이든 나무를 보는 것이 아니라 숲을 봐야 한다고 했다. 사실 자신이 아는 지식은 책에 모두 나와 있다. 더구나 경매에 관한 많은 책들이 출간되어 저자마다 각종 노하우들을 쏟아내듯 공개했다. 모두 다 아는 사실을 자기만 아는 것처럼 생각하고 행동한다는 것은 매우 잘못된 일이다. 많은 사람들과 많은 정보를 나눌 때 비로소 내가 잘못된 점을 알 수 있으며, 좀 더 꼼꼼하지 못한 부분을 알아낼 수 있다. 또 내가 아는 것을 나누어줄 때에 상대방도 자신만의 보따리(?)를 풀 것이다. 경매를 오래하기 위해서는 받으려는 생각보다 나눠주는 쪽에 서서 인맥을 만들어갈 때 더 좋은 시너지가 일어난다.

이번에 소개하는 물건은 지인의 소개로 괜찮은 수익을 거둔 사례다. 한여름 찌는 듯한 무더위로 거리의 행인조차 뜸한 어느 오후, 평소 잘 아는 지인에게서 전화가 왔다.

지인: 족장아, 괜찮은 물건 있는데 한번 볼래?

족장: 어떤 물건인가요?

지인: 상가인데, 괜찮아 보여. 한번 봐봐.

족장: 물건번호 불러주세요.

물건을 보니 물건별로 2, 3, 4, 6층 4개의 층이 모두 나와 있었다. 이렇게 한꺼번에 많은 물건이 나오는 경우, 주로 소유주가 사업을 크게 하다가 잘 못되어 나왔거나 처음 분양을 받은 뒤 자리가 좋지 않아 공실로 오랜 시간 버티다가 경매로 나오는 경우다. 해당 물건지로 가보니 많은 층이 경매로 나오면서 서부영화에나 나올 듯한 폐허를 연상케 했다. 주거용 같은 경우 경매로 나오는 물건이라는 것을 알면서도 최우선변제금액을 받을 수 있으니 위험부담을 감수하고 종종 들어오는 경우가 있다. 하지만 상가의 경우 임차를 하게 되면 인테리어라든지 물건 입고를 해야 하기 때문에 오랜 시간 공실일 가능성이 크다. 이곳 물건도 경매로 나오기 전부터 공실이었기 때문에 오랜 시간 방치되어 있었다.

공실이 많긴 하나 여러 가지 면으로 좋아 보인 부분이 있었다.

1) 본 상가 주위로 대규모 아파트 단지(4,000세대 이상)가 밀집되어 있어, 유동인구가 월등히 많다.

2) 기존 학원이 이 지역의 랜드마크처럼 형성되어 있다.

3) 본 상가는 코너자리 정면부에 있어서 영업 효과를 극대화시킬 수 있다.

4) 상가 주위에 유흥가보다는 학원가들이 밀집되어 있으며, 학원가들

이 많다는 것은 먹을거리 등 주위 상권의 호재 가능성이 무성하다.

5) 2층이기 때문에 학원뿐만 아닌 병원이나 미용실 등 들어올 수 있는 업종의 폭이 넓다.

6) 건물 실면적이 80여 평인데 여러 번의 유찰로 가격적인 매력이 충분하다.

상가 물건을 볼 때에는 후면부보다 전면부를 많이 선호하는 편이다. 전면부와 후면부의 차이는 위치의 차이도 있을 테지만 아무래도 홍보 효과의 차이가 크다. 전면상가는 어떤 방식으로든 간에 간판을 달고 홍보할 수 있지만, 후면상가는 홍보하기가 까다로운 편이다. 더군다나 경매로 낙찰받고 재임대하려고 할 때 기존 임차인들이 자리를 전부 차지하고 있어서 새로운 간판을 내걸기가 힘든 경우가 있다. 전면상가가 더 좋다는 말은 몇 번을 해도 지나치지 않다.

채권자가 방어입찰을 할 때도 있다

그런데 이상한 것이 3, 4, 6층은 전부 낙찰이 되었는데 2층만 미납이다. 미납? 대체 뭐지? 특별히 유치권이 신고된 것도 아닌데 미납을 한 이유가 궁금했다. 미납 이유만 알면 다른 곳보다 좀더 저렴하게 낙찰 받을 수도 있으며, 다른 층수에 비해 저층이기에 공실의 위험 부담 또한 적을 것 같았다. 지인이 다른 층을 낙찰 받았기에 어떤 문제가 있는지 전화를 걸어 물어보았다.

족장: 2층이 미납이던데 무슨 이유라도 있어요?

지인: 참, 내가 말 안 해줬구나. 별거 아니야. 채권자 측에서 아무도 입찰을 하지 않을까봐 방어입찰을 들어온 거야.

족장: 방어입찰? 채권자?

지인: 낮은 금액까지 떨어지면 채권회수가 어려우니까 이번에 채권자 측에서 입찰을 들어갔나봐. 그런데 2층 입찰자가 있어서 아쉬웠다나 뭐래나.

족장: 그럼 무슨 이유 때문에 채권자가 미납하면서까지 입찰을 한 거예요?

지인: 어차피 미납금액은 채권자 측에서 배당받게 되니 상관없고. 낙찰 후 미납을 하게 되면 많은 이들의 관심을 받게 되어, 높은 금액에 낙찰되는 경우가 종종 있거든.

족장: 그럼 특별히 문제가 있는 물건은 아니라는 거네요?

지인: 그렇지. 그러니깐 추천을 하지. 채권자 측에서 입찰에 들어온 거니 문제 없어.

족장: 그럼 혹시 이번에도 입찰 들어오는 거 아니겠죠?

지인: 입찰한다고 하면 내가 채권자 측에 이야기해볼게.

족장: 네, 그럼 이야기 한번 해보시고 연락주세요.

물건에 특별한 하자는 없었다. 채권자 측에서 여러 번의 유찰로 인해서 채권을 지키고자 들어온 방어입찰이라는 소리를 들었고, 이런 사실은 다른 입찰자들이 알기 어려울 테니 여러 가지로 다른 입찰자보다 유리한 입장에 있었다. 잠시 후 지인에게 전화가 와서 들으니 이번에 입찰할 사람이 있다면 채권자 측에서 입찰하지 않을 것이라 했다. 그래서 입찰을 결심하게 되었다.

유찰이 너무 많이 된다면 채권자 측에서 방어입찰이라고 하여 적당한 가격에 입찰에 들어가곤 한다. 입찰을 하는 이유는 미납을 하여 좀 더 노출시키는 효과를 얻거나 채권자가 직접 매입하여 채권을 확보하려는 경우가 있다.

예상이 적중한 입찰 결과

경매를 직업으로 한다지만 낙찰가 선정은 쉬운 일이 아니다. 이 물건의 경우 유찰 횟수가 늘어나면서 많은 사람들이 이 물건을 봤을 테고 미납이라는 큰 장애물(?)도 있기 때문이다. 물론 실평수가 80평이라면 작은 상가가 아니기에 사람들이 입찰을 꺼릴 수도 있다(상가의 평수가 크다는 것은 그만큼 관리비 부담을 무시할 수 없다는 뜻이기도 하다. 한 달 관리비와 낙찰 후 이자를 합산하면 웬만한 직장인 월급 한 달분이 족히 되기 때문이다). 최저가에 조금만 더 쓸까 하다가 더 높은 금액에 입찰하기로 마음먹었다. 뚜껑을 열어보니 단독 아니면 한두 명이 들어올 것이라는 내 예상이 정확히 맞아 떨어져 3명이 입찰했고 당당히 내가 최고가 낙찰자가 되었다.

2011타경			•매각기일: 2		•경매	전화:032-320-1132)
소재지	경기도 김포시		도로명주소검색			
물건종별	근린상가	감정가	593,000,000원	오늘조회: 1 1주누적: 1 1주평균: 0 조회동향		
				구분	입찰기일	최저매각가격	결과
매지권	65.02㎡(19.669평)	최저가	(49%) 290,570,000원	1차	2012-03-22	593,000,000원	유찰
					2012-04-26	415,100,000원	변경
				2차	2012-07-05	415,100,000원	유찰
건물면적	259.545㎡(78.512평)	보증금	(20%) 58,120,000원	3차	2012-08-09	290,570,000원	낙찰
				낙찰 380,000,000원(64.08%) / 2명 / 미납 (2등입찰가:341,220,000원)		
매각물건	토지·건물 일괄매각	소유자	둔 화	4차	2012-10-18	290,570,000원
				낙찰: 333,400,000원 (56.22%)		
개시결정		채무자	( )	(입찰3명,낙찰: 2등입찰가 313,390,000원)		
				매각결정기일 : 2012.10.25 - 매각허가결정		
				대금지급기한 : 2012.11.30		
사건명	임의경매	채권자	중 협	대금납부 2012.11.26 / 배당기일 2012.12.20		
				배당종결 2012.12.20		

의욕 없는 임차인

　평수가 크니 관리비도 많이 청구될 수 있어, 낙찰 받은 후 바로 상가를 방문했다. 현장에 가보니 힘이 많이 빠져 보이는 임차인이 있다. 그에게 향후 절차에 대해서 이야기해주었지만 전혀 의욕이 없어 보였다. 그냥 알았다는 대답만 반복한다. 차라리 악바리처럼 덤벼들면 낙찰자 입장에서 스트레스는 받을지언정 대하기는 편해진다. 하지만 이런 식으로 아무런 의욕 없이 낙찰자를 대할 때에는 마치 내가 죄 지은 사람처럼 미안해지기도 한다. 세상의 일이라는 게 그런 것 같다. 정말 화가 나는 상황에서도 상대방 측에서 미안하다, 죄송하다고 이야기하면 거기다 대고 화를 낼수 없지 않은가.

족장: 이사 날짜는 생각해보셨어요?
점유자: 이사라고 뭐 크게 할 게 있나요?
족장: 상심이 크시겠습니다.
점유자: 언제까지 비워드리면 됩니까?
족장: 빨리 비워주신다면 제가 이사비로 200만 원을 드리도록 하겠습니다. 물론 많은 금액은 아니지만 최대한의 성의 표시입니다.
점유자: 네, 그렇게 하겠습니다. 감사합니다.
족장: 네, 감사합니다.

그와 나눈 짧은 몇 마디로 명도가 완료되었다.

임대도
발품이다

명도를 마친 후, 중개업소에 들러 바로 임대를 내놓았다. 잔금납부 기한 이전에 명도가 끝났기 때문에 잔금납부는 최대한 늦추기로 했다. 그런데 중개업소 2군데에 내놓았는데 전혀 문의가 오지 않았다. 지인이 받은 높은 층수도 임차인들이 많이 보고 간다는데, 유독 2층은 문의조차 오지 않는 것이었다. 무슨 일인가 싶어 확인해보았더니, 이 지역의 특성상 중개업소끼리 서로 정보를 공유하지 않는다는 것이었다. 지역마다 차이가 있지만 요즘은 인터넷으로 중개업소들끼리 네트워크가 잘 형성되어 있어 당연히 공유할 것이라 생각했는데, 나만의 착각이었던 것이다. 다른 중개업소에서는 낙찰이 끝났는데 낙찰자가 물건을 내놓지 않으니 실수요자가 낙찰을 받은 것이라 생각을 하고 있었다는 것이다.

그 뒤로 주위 부동산중개업소에 모두 들러 물건을 내놓았다. 며칠 후 40평만 쓰고 싶다는 임차인이 나타났다. 40평만 쓴다면 먼저 들어온 세입자는 좋지만, 나중에 들어온 세입자는 그만큼 공간 활용이 쉽지 않을 것이고 그렇게 되면 임대료 또한 차이가 날 것이다. 아직 잔금을 치르지 않았으니, 40평보다는 80평을 모두 임차할 수 있는 사람을 찾아보기로 했다. 40

평씩 쪼개서 임대를 할 경우 홍보 효과가 있긴 하지만, 아무래도 40평을 인테리어하기보다는 80평을 인테리어하는 임차인이 향후 재계약을 할 가능성이 많아지기 때문에 조금 더 기다려보기로 했다. 잔금납부 일주일 전 부동산중개업소에서 연락이 왔다.

부동산: 사장님, 혹시 2층 나머지 잔여 철거랑 용도변경은 어떻게 되나요?

족장: 들어오시는 분이 어떤 분인가요?

부동산: 대형 문구점을 하려는 사람입니다.

족장: 80평을 다 이용한다고 하시던가요?

부동산: 네, 그렇다고 하시네요.

족장: 네, 그러시다면 철거 부분이랑 용도변경은 전부 제가 알아서 하겠습니다.

부동산: 네, 그리고 부탁할 게 하나 있는데요.

족장: 네, 말씀하세요.

부동산: 임차인이 5년 계약을 할 테니 임대료 3개월은 무료로 해줄 수 있냐고 물어봅니다.

족장: 그런 조건이라면 당연히 해드려야죠.

부동산: 네, 감사합니다.

족장: 계약서 작성하시면 바로 용도변경과 철거 진행하도록 하겠습니다.

부동산: 네.

친척보다 동료가 낫다

철거부터 용도변경까지 마지막으로 깔끔하게 끝내고 임차인과 계약을 완료했다. 이번 물건도 투자 측면에서 상당히 좋은 물건이었다. 이렇게 좋은 물건을 낙찰 받을 수 있었던 것은 다름 아닌 많은 사람들과 연결된 네트워크 덕분이었다. 평소에 경매하는 사람들과 함께 이야기를 나누며 다른 사람에게 필요한 부분을 찾다보니, 좋은 물건이 있을 때에 서로 연락을 주고받는 경우가 종종 있다.

아무리 좋은 물건이라도 경매를 전혀 모르는 사람에게 추천하기란 쉬운 일이 아니다. 소개시켜주었는데 임대나 매매가 안 될 경우 소개시켜준 사람 입장만 난처해질 수 있기 때문에, 경매를 하면서 친해진 사람들과 먼저 이야기를 나누고 고민도 털어놓게 된다. 그러다보니 좋은 물건이 나왔을 때 이렇게 추천도 해줄 수 있는 것이다. 어떤 것이든 나만 알고 있다고, 나만 알아야 한다고 생각할 것이 아니라, 그저 남들보다 조금 먼저 알았을 뿐이라 여기고 좋은 정보는 서로 공유하는 것이 좋은 태도라 생각한다.

앞의 물건은 투자금에 비해 높은 수익률로 보답해주었다.

낙찰금액	333,400,000원
대출	300,000,000원
취등록세	16,000,000원
철거 및 용도변경비	20,000,000원
대출이자	1,140,000원
임대	6,000만원 / 월세 280만원

투자금 940만원 / 월 수익 166만원

최종적으로 1천만 원 정도 투자하여 한 달에 166만 원의 착한(?) 수익률을 거두었다.

부동산중개업소보다 빠른 임대, 매매 팁

앞에서도 언급했지만 경매의 꽃은 명도가 아닌 매도라고 생각한다. 낮은 가격으로 낙찰을 받는 것은 낙찰자의 능력이라고 하지만 매도나 임대 같은 경우 낙찰자 측에서 어떻게 할 수 없을 경우가 많다. 처음 물건을 내놓았을 때는 6개월 정도 예상했는데, 점점 집을 보러오는 횟수도 적어지고 이자와 관리비만 지불하다보면, 낙찰자 입장에서는 초조해질 수밖에 없다. 물론 매도가 된다면 더 많은 수익이 들어오겠지만 평소에 지출하지 않던 대출이자와 관리비가 지출된다면 압박을 느낄 수밖에 없다.

이렇게 조급한 상황에서 매매가격과 임대가격은 당연히 점점 내려가게 된다. 그렇게 되면 애초에 기대했던 수익보다 한참 적은 금액에 매도를 해야 하기도 한다. 그런 일을 막기 위해서 남들과 다른 관점으로 물건에 접근해야 한다.

빠른 임대와 매도를 하려면 어떠한 방법이 좋은지 알아보자.
크게 다섯 가지로 정리하였다.

어떤 물건이건 간에 가장 많이 사용하는 방법이다. 그런데 중개업소에 물건을 내놓을 때는 어느 부동산중개업소이건 동일한 가격으로 내놓아야 한다. 예를 들어 첫 번째 부동산중개업소에 가서 1억 원에 내놓고, 두 번째 부동산중개업소에 가서는 이야기를 하다 보니 너무 부정적인 이야기만 하는 바람에, 중개사의 말에 흔들려 9천만 원에 내놓을 수도 있다.

이럴 때에는 다시 첫 번째 중개업소에 연락하여 이야기를 해주어야 한다. 그러지 않고 있다가 낮춘 시세가 첫 번째 중개업소로 들어갔을 때에는 문제가 될 수 있다. 두 번째 사무실에서 매도가 잘 되면 상관이 없을 수 있으나, 첫 번째 사무실과는 좋은 관계를 맺기가 힘들어진다. 어차피 동네 부동산중개업소에서 거래하는 것인데 이런 이유로 중개업소끼리 싸움을 붙인다거나 악감정을 만드는 것은 좋지 않다.

현수막을 내거는 것도 한 가지 방법이다. 하지만 현수막을 거는 것 또한 쉽지가 않다. 더군다나 요즘같이 현수막을 떼어 가면 소정의 돈을 주는 정책이 시행될 때에는 생각을 잘 해야 한다. 예전에는 시청에 현수막단속반이 있어 저녁 10시~오전 7시까지는 현수막을 보존할 수 있었다. 최근에는 현수막을 떼어 시청에 가져다주면 소정의 돈을 주기 때문에 어르신들께서 용돈벌이삼아 많이 떼어 가신다.

그런 일을 막기 위해서는 지정된 장소에 예약을 해두고 현수막을 내걸어야 한다. 현수막 게시를 예약하기 위해서는 직접 하는 방법도 있지만 현수막가게에서 주문을 하면 더 편리하다. 현수막 가격은 보통 3만5천 원에서 4만 원 정도 하며 지정된 장소에 거는 것은 14일 기준으로 약 7~8만 원 가량 한다. (지역마다 가격은 다를 수 있다.)

세 번째, 전단지 돌리기

최근에는 상당히 원초적인 방법이 되어버렸다. 전단지를 직접 거리에서 배포하는 사람도 있고, 아파트나 빌라 같은 곳 각 세대의 우체통에 넣는 방법도 있다. 하지만 요즘 아파트나 빌라는 현관문 앞에 잠금장치가 되어 있어 배포를 하는 것이 쉽지 않다. 또 전봇대나 담벼락에 많이 붙이곤 했는데, 지금은 전봇대나 담벼락에 붙일 때 벌금을 내야 하는 상황이 생길 수 있기에 주의해야 한다.

네 번째, 인터넷 활용하기

지금 같은 시대에는 최고의 홍보 효과를 얻을 수 있는 방법이다. 많은 사람들이 인터넷으로 상품을 자세히 살펴보고 구매도 한다. 우리가 원하는 부동산도 상품을 구매할 때와 비슷하다. 직접 와서 보기보다는 지도나 로드뷰를 통해 생활 여건이나 편의시설, 시세 등을 인터넷으로 확인한다. 인터넷 매매는 부동산카페나 개인 블로그를 통하곤 하는데 나는 블로그를 많이 활용한다.

다섯 번째, 확인전화 하기

물건을 보러오는 매수자는 내 물건이 아닌 다른 물건도 보고 꼼꼼하게 비교를 한다. 매수자와 매도자는 입장이 다르기 때문에 보는 관점 또한 다르다. 나는 집을 보러온 사람들의 연락처를 항상 받아두는 편이다. 이렇게 하는 이유는 매수를 하기 위해 찾아온 매수자가 집을 사지 않겠다고 하면 분명 이유가 있을 것이라고 생각하기 때문이다. 그래서 왜 매수를 안 하는지를 꼼꼼하게 물어보고 체크를 하는 것이다. 가격이 맞지 않은지, 위치가 마음에 안 드는지, 아니면 주위에 더 좋은 물건이 있어서인지 하나하나 물어보고 매수자와 협상을 하는 것도 좋은 방법이다.

위의 다섯 가지 방법은 부동산 거래가 잘 이루어지게 하는 대표적인 방법이라고 할 수 있다. 이중 어느 한 방법이 더 효과적이라기보다 어떤 방법이든 자신의 스타일에 맞는 방법을 찾아 거래를 진행하는 것이 좋다. 중개업소에만 의지하지 않고 적극적으로 나서는 사람이 빠른 시간에 원하는 것을 이룰 수 있다!

7장

선순위 임차인
이기기

탐정이 되어
생각하라

많은 사람들이 이렇게 말한다.

"경매는 돈이 많아야 하는 거 아닌가요? 그래야 입찰에 참여하죠. 어떻게 충분한 종자돈 없이 할 수 있겠어요? 그러니 하던 일이나 해야지요."

안타깝기도 하고 어쩌면 다행이기도 하다. 많은 사람들이 경매의 비밀을 알게 된다면 내가 이처럼 수익을 낼 수 있었을까?

결론부터 말하자면 종자돈이 많다면 분명 유리하다. 하지만 돈이 없다고 못 하는 것이 절대 아니다. 왜 제대로 두드려보지도 않고 포기를 하는가. 어떤 일이든 찾다보면 답이 보이는 법이다.

이번 물건은 대구에 있는 단독주택을 '공매'로 낙찰 받아 매매한 사례다.

겉으론 평범해 보이지만 실제로 약간은 까다로운 물건이었다. 그 이유는 첫 번째, 선순위 임차인이 있는 물건이라는 점(선순위 임차인이란 말소 기준권리일 전에 전입을 하여 낙찰자가 임차 보증금을 인수해야 하는 임차인이다). 두 번째, 매매가 빨리 이루어지지 않는 단독주택이기에 단타가 힘들다는 점이다(종자돈이 부족하기 때문에 짧은 시간 안에 매도를 해야 하는데, 단독주택 매매는 아파트만큼 활성화가 되어 있지 않기에 단시간의 매도가 힘든 편이다). 세 번째, 공매이기에 명도소송으로 투자기간이 길어질 수 있다는 점이다. '특수물건+장기투자+경매가 아닌 공매'이기에 명도소송이 될 수 있는 상당한 위험이 있는 물건이라며 경매 지인들도 만류했다(공매에는 인도명령 제도가 없어 명도소송을 해야 한다. 명도소송을 할 경우 최소 6개월 정도 소요될 수 있기 때문에 많은 사람들이 공매보다 경매를 선호한다).

하지만 이런 부분이 단점으로 작용하는 반면 경쟁자가 그만큼 없을 수도 있다는 장점도 있다. 요즘같이 주거용에 많은 사람들이 몰릴 때면 이런 틈새시장을 노려보는 것을 추천한다. 분명 선순위 임차인 물건이라면 많은 사람들이 입찰하지 않을 것이다. 문제는 매매인데 시세보다 높은 가격에 매도하려고 하면 힘들겠지만 가격을 조정하면 충분히 해결할 수 있는 문제이다. 매도자 입장이지만 매수인의 입장을 고려하여 조금만 양보하면 매도는 그리 어렵지 않다.

미리 걱정하는 것보다 낙찰 받는 것이 먼저다. 그러기 위해 입찰 전에 위 문제들을 하나씩 풀어가야 한다. 첫 번째 문제는 임차인이 누구냐는 것이다. 실제로 임차보증금을 지급한 진성 임차인인지, 아니면 소유자의 가족 또는 친인척으로 보증금을 내지 않고 살고 있는 사람인지 알아내야 한다. 경매만큼 충분한 정보는 아니지만 공매에도 어느 정도 현황조사는 해두고 있다. 공매 현황조사서를 보니 아래와 같이 기재되어 있었다.

구분O 전입 2002. 11. 26일 사망말소.
김남O 전입 2004. 01. 28일 사망말소.
김용O 전입 2004. 01. 28일 거주자.

위 기재대로라면 현재 임차인은 김용O이다. 조금 더 파고들어야 한다. 김용O과 김남O은 어떤 관계일까? 어떠한 관계이기에 전입일자가 같은 걸까? 부부? 그런데도 한 분만 살고 계신다?

등기부등본 내용을 머릿속에서 추리해나갔다.

2003년 9월 2일 김남O라는 분께서 소유권이전을 했다.

| 2 | 소유권이전 | 2003년10월27일
제58779호 | 2003년9월2일
매매 | 소유자 김남■ 390927-2******
경상북도 영천시 청통면 대평리 1164-1 |
| 2-1 | 2번등기명의인표시변경 | 2008년4월8일
제8922호 | 2004년1월28일
전거 | 김남■의 주소 대구광역시 남구 대명동 |

2011년 3월 18일 김남O씨가 김덕O에게 상속을 해주었다.

순위번호	등 기 목 적	접 수	등 기 원 인	권 리 자 및 기 타 사 항
3	소유권이전	2011년9월28일 제22965호	2011년3월18일 협의분할에 의한 상속	소유자 김덕■ 581129-1****** 경기도 양주시 덕계동

근저당은 2008년 4월 8일.

| 5 | 근저당권설정 | 2008년4월8일
제8924호 | 2008년4월8일
설정계약 | 채권최고액 금240,000,000원
채무자 김남■
　대구광역시 남구 대명동
근저당권자 　　■은행 110135-■
서울특별시 중구 을지로2가 50 |

하나하나 써내려가다 보니 임차인은 김용O, 소유자는 김덕O. 김용O과 김남O은 같은 날 전입을 하였기에 직감적으로 두 사람은 어머니와 아들이라는 것을 알 수 있었다. 같은 날 전입했다는 것은 두 사람이 동거생활을 하는 사람이라는 의미다. 소유자가 김덕O, 임차인이 김용O으로 두 사람은 이름에 같은 돌림자를 쓰고 있었다. 김남O이 첫째아들인 김덕O에게 상속을 해준 것으로 보인다.

그렇다면 이제 풀어야 할 문제는 김용O이라는 사람이 전세계약을 했느냐 안 했느냐다. 우리나라는 사회통념상 부모자식 간의 임대차는 성립되기가 힘들다. 설령 임대차계약을 했다고 하더라도 증거가 부족한 경우가 많다.

첫 번째, 부모자식 간에 중개업소에서 중개수수료를 지급하고 계약했을 가능성이 희박하다.

두 번째, 임대차계약서를 작성했다고 할지라도 2004년 시기에 맞춰 증빙서류(전세보증금이 지급된 입금내역)가 가능할까? (10년 가까이 지났기에 후속조치가 힘들 것이다.)

세 번째, 임대차계약서를 썼다고 하여도 2011년 소유자는 김용O의 형인 김덕O으로 변경이 되었다. 소유자가 변경된다면 최초에서 임대차가 자동승계 되었어도 이후에는 상속이라 하여도 임대차계약서를 다시 작성했어야 한다.

네 번째, 최악의 경우 정말 이 모든 것이 전부 성립한다면 전세보증금을 인수해야 하는데 2004년 당시 부모자식 간에 임대차계약을 맺었다면 보증금은 분명 적은 금액일 것이라 생각되었다.

모든 답은
현장에 있다

여러 가지 가능성을 열어두고 물건에 접근하기로 하였다. 그런데 혼자 책상 앞에 앉아서 서류분석으로만 추리하려니 시원하게 풀리지 않는다. 모든 답은 현장에 있기 마련이다. 박차고 일어나 바로 대구로 향했다.

목적지에 도착해보니 생각보다 외관이 매우 좋았다. 근방에서 제일 깨끗하고 좋은 집, 누가 봐도 살고 싶은 그런 집이었다. 하지만 선순위 임차인을 알아내기란 여간 까다로운 것이 아니다. 용감한 자가 미녀를 얻는다고 했던가? 경매에서는 용감한 자가 돈을 번다고 하더라. 나는 망설일 것도 없이 벨을 눌렀다. 그런데 아무도 없었다. 주변을 살펴보니 바로 옆에 세탁소가 있었다. 일단은 세탁소 주인에게 단서가 나올 게 있는지 확인하기로 했다.

족장: 안녕하세요, 사장님.

세탁소 주인: 네, 무슨 일이세요? 세탁물 맡기시게요?

족장: 아닙니다. 좀 여쭤보고 싶은 게 있어서요.

세탁소 주인: 네, 물어보시죠?

족장: 혹시 요 앞에 집 있잖아요? 그 집에 어떤 분이 사시는지 알 수 있을까요?

세탁소 주인: 거기 할아버지 한 분 사시는데요?

족장: 네? 할아버지요?

세탁소 주인: 네, 할아버지요. 밖에 잘 안 나오시고 가끔씩 산책을 하십니다.

족장: 할아버지라고 하면 한 50대쯤 말씀하시는 건가요? (등기부에는 58년생이었다.)

세탁소 주인: 아니요 한 70~80대 정도로 보이던데요?

족장: 아, 그래요? 다른 분은 안 계시고 할아버지 한 분만 계신 것 같던가요?

세탁소 주인: 네, 가끔 아들 같은 사람들이 다녀가더라고요.

족장: 네, 감사합니다.

세탁소 주인: 네~, 그런데 무슨 일이세요??

족장: 아닙니다. 이 집에 관심 있는데 몇 가지 궁금해서요.

세탁소 주인: 아이고~, 지금까지 저 집 사려고 사람들이 엄청 왔다갔는데 할아버지께서 절대로 안 파신데요. 안 그래도 저 집 탐내던 사람들이 많았어요!

족장: 아~, 그래요? 혹시 저 말고도 이렇게 물어보는 사람이 있던가요?

세탁소 주인: 아니요, 없었습니다.

족장: 네네, 감사합니다.

그곳을 나오면서, 얽혀 있던 의문점들이 하나씩 풀리기 시작했다. 지금 살고 계신 분은 소유자의 아버지인 듯했다. 김남O이 돌아가시고 할아버지에게 재산을 물려주려고 했으나, 어차피 그렇게 되면 상속비용이 들어갈 것이기에 이참에 장남에게 물려주자 해서 상속을 해준 것으로 추정했다. 대충 그림이 그려지니 다음은 시세 조사를 하기 위해 중개업소로 발길을 돌렸다.

족장: 집 때문에 문의를 드릴까 하고 왔습니다.

부동산중개업소: 네, 말씀하세요.

족장: 여기 요즘 평균 땅값이 얼마나 하나요?

부동산중개업소: 뭐, 다 다르겠지만 대로변 끼고 있느냐 그렇지 않느냐에 따라 다릅니다. 대로변 쪽으로만 있다면 평균 평당 350만 원 정도는 합니다.

족장: 그렇군요. 네 감사합니다.

생각은 짧게
선택은 과감하게

소재지	대구 남구 대명동 [도로명주소검색]				
물건용도	단독주택	위임기관	양주시청	감정기관	프라임감정평가법인(주)
세부용도		집행기관	한국자산관리공사	감정일자	2013-08-13
물건상태	낙찰	담당부서	대구경북지역본부	감정금액	446,894,880
공고일자	2013-09-04	재산종류	압류재산	배분요구종기	2013-09-30
면적	건물 248.1㎡, 대 317.4㎡			처분방식	매각
명도책임	매수자	부대조건			
유의사항	감정서상 임차인이 있는 것으로 조사된바, 임차인의 대항력 여부 등에 관하여 사전조사 후 입찰 바람				

　물건지는 현재 토지만 97평으로 되어 있다. 그렇다면 쉽게 생각해서 평당 350×97, 땅값만 약 3억 4천만 원. 최소한 대지만 3억 4천, 그리고 건물도 2001년에 지어졌다면 집값도 어느 정도 받을 수 있다. 계산해보니 최소한 4억 원 이상은 된다는 판단이 섰다.

　하지만 물건 수준으로 봤을 때 조사기간이 최소한 3일이 되어야 충분한데, 입찰일은 내일이 마지막이었다. 선순위 임차인을 직접 만나지 못한 상황에서 심증만으로 입찰하기에는 리스크가 너무 컸다. 어떻게 해야 할까. 심증만으로 추측한 물건에 입찰한다는 것은 여간 어려운 일이 아니다. 일단 아쉬움을 뒤로한 채 발길을 돌렸다. 서울로 오는 내내 고민했다. 머릿속에는 하얀 단독주택이 아른아른 내게 손짓했다.

그래도 어쩌겠는가. 한 번의 실수로 지금까지 쌓아온 모든 것을 잃을 수 있는 게 경매 아닌가. 물론 내가 여유가 있어서 이 물건에 투자금이 묶여도 상관없다면 괜찮겠지만 상황이 그렇지 않다. 소액(?) 전업투자자에게 돈이 묶인다는 것은 너무나 치명적이기에 더욱더 망설여졌다.

집에 도착하여 잠자리에 누웠는데 도통 잠이 오질 않는다. 아니 잠을 잘 수가 없었다. 수익도 무시할 수 없었지만, 하나하나 풀어가는 탐정놀이를 하고 싶었다. 위장임차인 물건을 해결한 뒤에 느끼는 그 쾌감은 해본 사람만이 알 수 있다. 새벽 1시, 2시, 3시, 4시, 어느새 내 양손에는 운전대가 잡혀 있었다. 공매입찰 마지막 날 새벽 4시에 본능적으로 운전대를 잡고 다시 대구로 향하고 있었다. 오전 8시, 다시 물건지에 도착했다.

시간을 보니 너무 일렀다. 8시부터 공매 나온 집 때문에 왔다고 하면 그 누가 좋아하겠는가.

일단은 기다려야만 했다. 9시가 되자마자 채권자 측에 전화를 했다.

족장: 안녕하세요. 다름이 아닌 대구 XX XXX XXXX 물건 말이죠.

채권자: 네, 무슨 일이신가요?

족장: 임차인이 있어서 채권회수가 어려울 것 같던데 혹시 무상임대차 계약서를 받아두셨나요?

채권자: 아니요, 없습니다.

족장: 혹시 임차인이 가족인지는 알 수 있나요?

채권자: 저희도 그게 확실하지가 않네요. 안 그래도 그것 때문에 너무 많이 유찰돼서 저희도 머리가 아프네요.

족장: 그런데 혹시 저 말고 전화한 사람이 있었나요?

채권자: 있었지만 다들 긴가민가하더라고요.

족장: 네, 무슨 말인지 잘 알겠습니다. 감사합니다.

일단 채권자 측에서 너무나 소극적이었다. 그런데 반대로 생각하면 경쟁자들이 쉽게 다가갈 수 없다는 것이다.

9시 30분. 대문 앞에 서니 왠지 긴장이 되었다.

띵똥~ 띵똥~. 초인종을 연신 눌렀다(아무도 없는 건가).

발걸음을 돌리려는 순간 창문으로 누군가가 나오는 게 보였다.

임차인: 누구세요?

족장: 네, 안녕하세요. 공매 때문에 왔습니다.

임차인: 공매 직원이라고?

족장: (어라.) 아~, 네네.

임차인: 무슨 일인데 아침부터 왔는가?

족장: 아, 하나만 여쭤보려구요. 문 좀 열어주시면 안 될까요?

임차인: 그냥 이걸로 이야기해.

족장: 네, 지금 김덕O 씨랑 어떤 관계시죠?

임차인: 내가 그 사람 아버지야.

족장: 아~, 그럼 김덕O 씨 동생분께서는요? (갑자기 할아버지께서 말을 아끼신다.)

임차인: 나는 그런 거 잘 몰라~. 아침부터 오지 마.

족장: 네, 알겠습니다. 어르신, 아침부터 죄송했습니다.

물증은 없어도 일단 확신은 들기 시작했다. 현재 선순위 임차인인 동생은 집에 거주하고 있지 않고 아버지만 거주한다는 것이다. 혹여 전입만 되어 있다고 한들 적법한 임대차계약까지 하지 않았을 것이라 생각되었다.

또 하나의
큰 산, 대출

　모든 실마리가 풀리니 이제 대출이 문제였다. 현금으로만 투자할 여력이 안 되기 때문에 대출이 안 되면 낭패였다. 평소에 거래하던 대출중개사 분에게 전화를 걸었다.

족장: 안녕하세요, 별일 없으시죠?

대출 이모: 네, 안녕하세요.

족장: 저, 다름이 아니고 이번에 받으려는 물건에 선순위 전입자가 있어서요. 대출 한번 알아봐주시겠어요?

대출 이모: 에이~, 알다시피 선순위가 있을 경우 대출 안 나오잖아요.

족장: 그래도 한번만 알아봐주세요. 물건도 좋고 유찰도 많이 됐어요.

대출 이모: 그래도 선순위면…, 임차인이 누군데?

족장: 소유자의 동생이요.

대출 이모: 일단은 한번 알아볼게. 근데 쉽지 않을 거야. 선순위 있는 물건은 은행에서 대출을 안 해주더라고.

족장: 네네, 꼭 좀 부탁드릴게요. 오늘까지 입찰이니 빨리 좀 알아봐주

셔야 해요.

대출 이모: 알았어. 금방 알아보고 연락드릴게.

족장: 네네, 안 되도 되게 해주세요. 알아보고 연락주세요.

잠시 후.

대출 이모: 그거 알아봤어.

족장: 뭐라고 하던가요? 된다고 하죠?

대출 이모: 왜 이런 어려운 걸 하려고 해~. 그냥 쉬운 걸로 수익내면 되잖아.

족장: 에이~, 왜 그러세요. 된대요? 안 된대요?

대출 이모: 이거 진짜 해야겠어?

족장: 아시면서 왜 그러세요.

대출 이모: 일단은 가족임대차라면 될 것 같긴 해. 하지만 100프로 장담은 못 해. 한번 해보려면 해봐!!

족장: (해보려면 해봐?) 네, 알겠습니다. 알아봐주셔서 정말 감사합니다.

한번 해보려면 해보라는 것은 대출해주시는 분도 어느 정도는 자신감이 있기에 그렇게 이야기를 해주신 것이다. 일단은 조심스레 입찰가격을 선정해본다. 최저가에 적어야 하나? 아니면 조금 더 적어야 하나? 고민 끝에 입찰가 선정을 하고 입찰표 작성을 마쳤다.

공매는 입찰종료일 다음날 개찰이 된다. 다음날 11시, 그때부터 컴퓨터 앞에서 클릭 클릭 클릭. 호흡하고 클릭 클릭 클릭. 띵똥, 갑자기 문자가 온

다. '낙찰을 축하드립니다.'

2013-■■■■■■-001		입찰시간 : 2013-11-18 10:00~ 2013-11-20 17:00			조세정리팀(☎ 053-760-5055)	
소재지	대구 남구 대명동 ■■■■ 도로명주소검색					
물건용도	단독주택	위임기관	양주시청	감정기관	프라임감정평가법인(주)	
세부용도		집행기관	한국자산관리공사	감정일자	2013-08-13	
물건상태	낙찰	담당부서	대구경북지역본부	감정금액	446,894,880	
공고일자	2013-09-04	재산종류	압류재산	배분요구종기	2013-09-30	
면적	건물 248.1㎡, 대 317.4㎡			처분방식	매각	
명도책임	매수자	부대조건				
유의사항	감정서상 임차인이 있는 것으로 조사된바, 임차인의 대항력 여부 등에 관하여 사전조사 후 입찰 바람					

● 입찰 정보(인터넷 입찰)

회/차	대금납부(납부기한)	입찰시작 일시~입찰마감 일시	개찰일시 / 매각결정일시	최저입찰가	결과
042/001	일시불(낙찰금액별 구분)	13.10.21 10:00 ~ 13.10.23 17:00	13.10.24 11:00 / 13.10.28 10:00	446,895,000	유찰
043/001	일시불(낙찰금액별 구분)	13.10.28 10:00 ~ 13.10.30 17:00	13.10.31 11:00 / 13.11.04 10:00	402,206,000	유찰
044/001	일시불(낙찰금액별 구분)	13.11.04 10:00 ~ 13.11.06 17:00	13.11.07 11:00 / 13.11.11 10:00	357,516,000	유찰
045/001	일시불(낙찰금액별 구분)	13.11.11 10:00 ~ 13.11.13 17:00	13.11.14 11:00 / 13.11.18 10:00	312,827,000	유찰
046/001	일시불(낙찰금액별 구분)	13.11.18 10:00 ~ 13.11.20 17:00	13.11.21 11:00 / 13.11.25 10:00	268,137,000	낙찰

◪ 낙찰 결과

낙찰금액	292,750,000	낙찰가율 (감정가격 대비)	65.51%	낙찰가율 (최저입찰 대비)	109.18%
유효입찰자수	1명	입찰금액	292,750,000원		

그런데 단독입찰이었다. 기분이 좋으면서 한편으론 내가 뭔가 빠뜨린 것이 없는지 불안감이 들었다. 아무도 응찰하지 않았다. 두 명만, 아니 한 명만 함께 들어왔어도 완벽하게 위장임차인이라는 확신이 들었을 텐데 말이다. 단독이라 찜찜했지만 아무도 풀지 못했던 물건을 해결할 수 있다는 생각에 낙찰의 쾌감을 만끽했다.

소유자와의 만남

공매도 경매와 마찬가지로 낙찰을 받고나면 낙찰자도 이해관계인이므로 서류열람이 가능하다.

족장: 안녕하세요. XXX-XXX-XXXX 물건 열람하려고 왔습니다.

자산관리공사 직원: 신분증 주세요(경매도 그렇지만 공매도 본인이 직접 갔을 경우 신분증만 있으면 된다).

족장: (서류를 이리저리 찾아본다.) 혹시 복사할 수 없나요? 경매는 낙찰 받으면 복사가 가능하던데요.

자산관리공사 직원: 네, 복사는 하지 못합니다. 사진 또한 찍으시면 안 되구요. 간단한 메모 정도는 가능합니다.

서류열람을 하는데 역시나 임대차계약서는 보이지 않았다. 우선 소유자의 연락처를 알아내는 것이 먼저였다. 서류를 하나하나 보다보니 소유자의 인적사항 등이 나오기 시작했다. 서류열람을 마친 뒤 소유자의 연락처를 메모하여 밖으로 나왔다. 그리고 바로 소유자에게 전화를 걸었다.

족장: 안녕하세요. 공매물건 낙찰자입니다. 혹시 김덕O 님 되시나요?

소유자: 네, 그렇습니다. 제가 김덕O입니다.

족장: 네, 다름이 아니라 이렇게 전화드린 것은 불편하시겠지만 향후 절차에 대해 간단하게 이야기를 드려야 할 것 같아서요.

소유자: 네.

족장: 일단은 제가 잔금납부기일을 정해야 합니다. 그러기 위해서는 소유자분과 임차인분과 잘 이야기가 되어 임차인분도 최대한 계시다 나가고 저 또한 조정된 날짜에 잔금납부를 하면 좋을 것 같아서요.

소유자: 네, 그 문제는 한번 생각해보겠습니다.

족장: 네, 생각해보시고 연락 한번 주세요. 참, 현재 살고 계신 어르신은 누구신지 알 수 있을까요?

소유자: 네, 아버지입니다.

족장: 아, 어르신이 아버지셨군요. 제가 불쑥 찾아가면 불편하실 것 같아서요. 그럼 동생분이 함께 사시는 것 같던데요? 동생분은 언제 오시는지요?

소유자: 아닙니다. 동생은 집이 따로 있고 지금은 아버지 혼자 거주하고 계십니다. 아버지께서 연세가 많으시니 가능하면 방문하지 마시고 저랑 이야기하셨으면 좋겠습니다.

족장: 네, 알겠습니다. (예스~! 동생은 집에 살고 있지 않은 것이 확실해졌다.)

소유자: 참, 그런데 앞으로 집은 어떻게 하실 건가요?

족장: 무슨 일로 그러시죠?

소유자: 다른 것은 아니고요. 제가 다시 재매입을 하고 싶어 그럽니다.

족장: 재매입하신다고요? 그러시다면 제가 함께 투자한 분과 상의를 해

보겠습니다.

소유자: 혼자 입찰하신 게 아닌가보네요.

족장: 네, 함께하신 분이 계셔서요. 혼자 판단할 수 있는 문제는 아닙니다. 상의 후 다시 연락드리겠습니다.

때로는 가상의 아군을 투입시켜 협상을 하곤 한다. 원래는 없는 인물이지만 가상의 인물을 만들어 혼자 판단할 수 없다는 이유로 시간을 벌기도 하는데 그때마다 엄청난 효과를 가져다준다. 어떤 요구든 당장 답변하려면 분명 득보다는 실이 되는 경우가 많으나 가상의 아군과 상의한 후 답변을 하겠다고 하면, 여유 있게 대비책을 세운 후 협상할 수 있게 된다.

어쨌든 소유자와 통화로 형제지간이라는 것이 확실해졌다. 이런 부분을 좀 더 강조하여 괜찮은 조건의 대출을 알아보기로 했다.

특수물건을 할 때 항상 걸림돌이 되는 것이 바로 대출이다. 두드리면 열린다고 했던가. 여기저기 알아보니 대출을 해준다는 곳이 있다. 그것도 무려 90%를 해준다는 것이 아닌가. 금리는 4.8%, 다른 물건에 비해 이자율이 0.8% 정도는 많지만 90%를 해준다고 하니 마다할 이유가 없었다. 주택 같은 경우 방 하나당 최우선변제를 제외하고 대출을 해주는 경우가 대부분인데 방이 많음에도 불구하고 90%를 해준다니 정말 좋은 조건이 아닐 수 없었다. 그렇다면 왜 이렇게 많은 대출을 받을 수 있었을까?

이유는 간단하다. 이 물건의 감정가는 4억 5천만 원 정도 된다. 그런데 낙찰가는 그의 60% 수준인 2억 9천만 원대이다. 은행 입장에서는 4억 원에 낙찰 받아 80%를 해주는 것보다 3억 원에 낙찰 받아 90% 대출을 해주는 것이 좀 더 안전하다고 판단한 것이다. 경매는 저렴하게 낙찰 받을수록 여러 가지로 이득이 많다.

협상의 테이블에서 밀고 당기기

전 소유자가 재매입 의사를 밝혔기에 먼저 만나봐야 했다.

족장: 재매입 하신다고요?

전 소유자: 네, 제가 다시 매입을 하고 싶습니다.

족장: 네, 얼마나 생각하고 계신가요?

전 소유자: 3억 5천만 원에 매입하고 싶습니다. 낙찰자분도 분명 수익이 있어야 하니 말이지요.

족장: 네, 그 정도 가격이면 충분히 협상이 가능할 것 같습니다.

전 소유자: 네, 그러셔야지요. 허나 조건이 하나 있습니다.

족장: 조건이요?

전 소유자: 네, 제가 지금은 당장 자금적인 문제가 해결이 안 돼서 내년 4월, 그러니깐 약 5개월 후에 매입하겠습니다.

족장: 그건 좀 곤란합니다. 5개월이라는 긴 시간 동안 부대비용이 지출되어 어려울 것 같습니다.

전 소유자: 그렇다면 제가 이자는 부담하도록 하겠습니다. 부탁드립니다.

족장: 다시 한 번 생각해보겠습니다. 저번에 말씀드렸듯이 함께 투자하신 분이 계신데 그분이 결정권을 갖고 계셔서 보고 후 결과를 말씀드릴 수 있습니다.

전 소유자: 네, 그럼 잘 좀 부탁드리겠습니다. 참 또 하나 더 있습니다.

족장: 네? 말씀하세요.

전 소유자: 제 동생하고는 따로 합의를 보셔야 합니다.

족장: 네? 동생분과 별도로 합의를 보라뇨? 그게 무슨 말씀이신지요.

전 소유자: 제가 이번 일로 가족들에게 신임을 잃은 상태여서요. 대신 동생의 합의금액 또한 제가 부담하도록 하겠습니다.

족장: (이 사람이 낙찰자가 무슨 봉인 줄 아나보다.) 네, 일단은 알겠습니다. 상의 후 연락을 드리도록 하겠습니다. 또한 약속이행각서는 확실하게 쓰셔야 하며 공증도 받으셔야 할 것입니다.

전 소유자: 네, 물론입니다.

족장: 혹시 주택 보유를 2년 이상 하셨는데 다른 곳에도 주택이 있나요?

전 소유자: 아니요, 없습니다. 무슨 일이시죠?

족장: 그렇다면 '1가구1주택확인서'를 좀 부탁드리겠습니다. 어차피 소유자분에게 매매를 하더라도 양도세혜택을 받는다면 분명 서로에게 이득이 있을 것입니다.

전 소유자: 네, 그런 쪽으로라도 도움을 드릴 수 있다면 협조하겠습니다.

이 물건에 관해 전 소유자의 요구는 낙찰자 입장에선 굉장히 위험한, 아니 불확실한 거래임이 분명했다. 돈이 없어서 공매로 나온 물건인데 그것을 다시 매입한다니 믿을 수 있겠는가? 그렇다고 재매입을 원하는 사람에게 그냥 나가라고도 할 수 없는 상황이었다. 또한 양도세혜택을 위해 1가구1주택서류를 받아야 되는 상황이라 딱히 거절하기도 힘들었다. 어떻게 할지 고민하다가 전 소유자가 원하는 쪽으로 방향을 잡고 약속이행각서를 작성했다.

그런데 역시나 문제가 계속 발생했다. 약속이행각서를 쓰는 당일 전 소유자에게서 연락이 왔다. 자기가 모든 것은 책임질 테니, 동생에게 먼저 800만 원을 지불한 뒤 200만 원을 이사비로 달라는 것이다. 그렇다면 1천만 원을 요구하는 것인데, 1천만 원이 문제가 아니었다. 800만 원을 선금으로 달라는 것인데 상식적으로 도무지 납득할 수 없는 부분이다. 어떻게 이사도 하지 않고 돈을 먼저 달라고 할 수 있는가. 임차인은 그대로 있는데 말이다.

족장: 그게 무슨 말씀이신가요? 도무지 이해할 수 없는 말씀을 하시네요.
전 소유자: 그렇게 좀 해주세요. 동생이 그렇게 안 하면 안 된다고 하네요.
족장: 아니, 형을 못 믿고 낙찰자도 못 믿는데, 어떻게 일이 매끄럽게 진행될 수 있겠습니까?
전 소유자: 그럼 동생이 합의를 안 해주겠다는데, 어떻게 해야 할까요?
족장: 그렇다면 오늘 일은 좀 더 미루기로 하고 재산명시를 부탁드리겠습니다.
전 소유자: 재산명시요?

그때부터 얌전했던 전 소유자가 노발대발 날뛰기 시작했다. 내가 거지냐면서 사람이 돈이 없다고 무시하는 것 아니냐며, 나도 한때 잘 나가던 사업가인데 어떻게 이런 대접을 할 수 있냐며 거칠게 나오기 시작했다.

족장: 흥분하실 필요 없습니다. 제가 재산명시를 요구하는 것은 그만큼 일을 깔끔하게 처리하기 위함입니다. 지금 상황을 보면 사장님이 동생분과도 사이가 썩 좋아 보이진 않으며, 동생 또한 형을 믿지 못하고 있는데 대체 낙찰자가 어떻게 해야 하는 것인지요? 또 재매입 의사를 밝히셨는데 저도 어느 정도 신뢰할 수 있는 근거가 있어야 기다릴 수 있지 않을까요? 입장을 바꿔 생각해주시면 좋겠습니다.

전 소유자: 전 자존심이 상해 도무지 그렇게까지는 할 수 없습니다.

족장: 네, 그렇다면 없던 일로 하고 전 명도소송을 준비하겠습니다.

협상테이블에서 돌아서면 원수가 된다

【명도 소송 소장】

소　　　장

원고: OOO(841216-XXXXXXX)
주소: 경기도 남양주시 덕송2로 O번길 OO OOO호

피고: OOO(630716-XXXXXXX)
주소: 대구광역시 남구 앞산순환로 O길

피고: OOO(311125-XXXXXXX)
주소: 대구광역시 남구 앞산순환로 O길

청구취지

1. 피고들은 원고에게,
   가. 별지목록 기재 건물을 명도하고,
   나. 2013 . 12 . 20부터 위 부동산 명도일까지 매월 금 1,050,000원의 비율
       에 금한 금원을 지급하라.
2. 소송비용은 피고의 부담으로 한다.
3. 위 제1항은 가집행할 수 있다.
   라는 판결을 구함.

청구원인

원고는 2013년 11월20일 한국자산관리공사 조세정리부에서 관리하는 공매
절차에서 대구 남구 대명동 ○○○-○ 면적 건물 248.1, 대지 317.4㎡(이하 '이
사건 부동산'이라고 함)를 낙찰 받고 2013년 12월20일에 잔금을 완납한 소
유자이고 피고는 이 사건 부동산이 낙찰되기 전 이 사건 부동산에 보증금 없
이 임차한 임차인이며 현재 또한 무상으로 사용하는 자입니다. (갑 제1호증,
갑 제2호증.)
현재 김○○ 은 소유자의 아버지이며 전입신고 없이 불법점유를 하고 있으며,
임차인으로 표기되어 있는 김○○ 은 선순위 임차인으로 표기되어 있지만 현
재 결혼한 뒤 현 부동산이 아닌 다른 곳에서 거주는 하고 있으며 위 부동산에
는 전입만 되어 있습니다. 임차인(김○○)은 아버지를 만나기 위해 한번씩 왕
래를 하고 있습니다.

2. 피고의 무단사용에 대해

 가. 원고는 한국자산관리공사 조세정리부에서 이 사건 부동산을 낙찰 받고

잔금을 완납한 후 이 사건 부동산에 방문했습니다. 그래서 임차인이었던 김○○과 대화를 할 수 있었습니다. (김○○ 은 김○○의 친부이며 거동이 불편할 정도로 힘드시다 하여 김○○만 만났습니다.)

원고는 피고에게 매매 및 임대차금액을 제시하고 설득하였지만 원고의 말을 무시하고 명도청구에도 응하지 않고 있습니다.

나. 임차인 김○○은 현재 불법점유자(전 소유주의 부)이며 김○○은 선순위임차인으로 주장하고 있으나 전 소유자인 김○○의 진술에 의하면 10년 전 돌아가신 (고 김○○) 모친과 임대차계약서가 아닌 둘만의 차용증을 써놓은 것 같긴 하나 지금은 그 서류조차 없으며 명확하지 않다고 합니다.(갑 제3호증(전 소유자와 낙찰자 간의 약속이행각서를 완성하였고 임차인과 협의하기를 원하였지만 임차인 측에서 거부를 하였습니다. 소유자와의 이행각서협의 중 임차인의 권리는 없는 것으로 판명하였습니다.))

김○○은 10년 전에 집을 수리한 근거를 내세우며 말도 안 되는 유치권을 주장하려 합니다. 10년 전 수리 유무를 알 수도 없는 근거를 가지고 현재 원고에게 말도 안 되는 금액을 청구하고 있습니다.

또한, 부모 자식 간에 임대차는 성립이 어려울뿐더러 성립이 된다고 한들 김○○은 아무런 물증이 없이 원고에게 이사비 명목으로 1천5백만 원을 청구하였습니다.

다. 즉, 현재 피고는 아무런 권원도 없이 이 사건 부동산을 사용하고 있습니다.

3. 결론

그렇다면 피고는 별지 목록 기재 부동산에 대해 보증금과 월임료 없이 거주를 하며 원고에게 금전적 피해를 입히고 있으며 따라서 피고는 원고가 소유권을 취득한 2013. 12. 20부터 이 사건 부동산을 명도할 때까지 보증금 없는 월세금 상당의 금원을 원고에게 지급할 의무가 있다고 할 것인데 정확한 월세는 추후 감정에 의하여 특정하기로 하고 우선 원고가 이 사건 부동산을 취득하면서 납입하고 있는 이자 금 1,100,000원만 구합니다. 따라서 원고는 청구취지와 같은 판결을 구하고자 이사건 소송을 제기합니다.

입증 방법

1. 갑 제1호증   매각결정통지서
2. 갑 제2호증   등기부등본
3. 갑 제3호증   전 소유자 간의 이행각서 내용
                  (낙찰자 초기 작성본, 전 소유자 수정본. 2매)

첨부서류

1. 건축물관리대장 1통.
2. 임차인의 가족관계증명서 사본 1통.

2014. 1. 6
원고   차원희 (인)
대구 지방법원   귀중

【별지】
부동산 표시

건물   대구 광역시 남구 대명동
         [도로명주소] 대구광역시 남구 앞산순환로 ○○길
건물내역   철근콘크리트조 경사슬라브지붕2층 단독주택
         지하1층 창고 44.82㎡
         1층 단독주택 134.19㎡
         2층 단독주택 69.09㎡

며칠 후, 전 소유자에게 내용증명이 왔다. 이 사람이 내용증명을 보낼 아무런 이유가 없는데 무슨 내용일까 했더니, 일전에 이야기했던 양도세 혜택 받은 것은 취소하도록 내게 건넨 서류를 반환해달라는 것이었다. 한편으로는 어이가 없기도 하고 '정말 치사함의 끝을 보여주는구나'라고 생각하며 전화를 걸었다.

족장: 이거 뭔가요?

전 소유자: 제가 드렸던 서류 전부 돌려주세요.

족장: 그 당시 합의하에 받은 것이지 제가 강제로 뺏은 게 아닌데요.

전 소유자: 어쨌든 간에 그냥 주세요.

족장: 지금 저한테는 없습니다. 서류를 찾고 싶으시면 구청 가서서 직접 반환신청하세요.

전 소유자: 그렇다면 제가 고소하겠습니다.

족장: 고소요? 마음대로 하세요. 전 상관없습니다.

전 소유자: 네, 알겠습니다.

사람이 이렇게도 달라질 수 있는 것일까? 이번에도 느끼는 것이지만 돈으로 얽힌 사람들은 항상 조심해야 한다. 이 사건에 앞서 소개되었던 아파트 취하 사건과는 다른 상황이다. 취하물건은 내가 먼저 선금을 받고 그 뒤에 해결해주면 되는 것이고, 여의치 않을 경우 잔금납부를 하고 매매를 하면 되는 일이었다. 그런데 이 사건의 전 소유자는 처음부터 재매입을 한다고 하여 안심시키더니 그 말을 믿은 나만 바보로 만들고 오히려 시간 낭비만 하게 했다. 주위에서 이런 경우 전 소유자에게 매도하는 것보다 제3

자에게 매매를 하는 편이 훨씬 속 편하다고 했거늘.

며칠 후, 내용증명과 함께 친절하게 전화가 왔다.

전 소유자: 당신은 날 기만했어.

족장: 기만이라니요. 어떤 부분에서 그렇게 말씀하시는지 모르겠습니다.

전 소유자: 당신이 필요한 서류만 쏙 빼가고, 지금 내 꼴이 어떤지 알아?

족장: 서로 간에 합의를 하면서 오고간 서류입니다. 제가 강제로 뺏은 것입니까? 제가 당신을 어떻게 한 것도 아닌데 왜 저에게 이러는지 모르겠네요.

전 소유자: 그렇다면 서류를 다 달라고 했잖아.

족장: 나머지 서류는 우편으로 보내드렸고요. 빠진 서류는 구청에서 받아 가시면 됩니다.

전 소유자: 법대로 해봐야 정신 차리겠구먼?

족장: 저도 지금 법대로 명도소송 진행 중에 있습니다. 합의가 안 될 시 어쩔 수 없는 사항입니다. 전 합의를 하기 위해 최선을 다했지만 이런 결과가 나와 안타깝습니다.

소유자 입장을 이해 못하는 것은 아니다. 어쩌면 낙찰자가 자신을 기만하고 필요한 서류만 얻어갔다는 생각을 할 수도 있다. 하지만 사실은 전혀 그렇지 않았다. 나 또한 합의를 할 마음이 있었기에 전 소유자에게 서류를 요구한 것이었다. 그런데 전 소유자는 최초 합의사항을 무시하고 지속적으로 무리한 요구를 했고, 그러다보니 낙찰자가 그 조건을 받아들일 수 없는 상황이 돼버린 것이다. 사람을 너무 믿었다. 처음부터 협상이 불발될 것을 감안하여 일 처리를 했다면 이런 문제가 없었을 텐데 아쉬운 부분이기도 했다. 그렇게 명도소장은 접수되었고 명도소장이 발송된 날 다시 한 번 연락을 했다.

법보다 사람이 먼저다

더 이상 전 소유자와 이야기가 안 될 것 같아 이번에는 동생에게 연락을 했다.

족장: 안녕하세요. 낙찰자입니다.
전 소유자 동생: 무슨 일이신가요?
족장: 시간이 되시면 찾아뵙고 만나서 이야기를 드리고 싶습니다.
전 소유자 동생: 제가 왜 만나야 하나요? 명도소송까지 신청하셨던데요.
족장: 기분 나쁘신 것은 분명 알고 있습니다. 허나 제 입장도 생각해주셨으면 좋겠습니다. 만나 뵙고 좀 더 이야기를 나누고 싶습니다.
전 소유자 동생: 네, 그럼 내일 만나시죠.

전 소유자의 동생을 만나러 대구로 향했다.

전 소유자 동생: 낙찰자가 있는 곳이 서울이라고 들었는데 왜 먼 길까지 오셨나요?

족장: 네, 혹시 주변 분들에게 향후 법적절차에 대해서 들으셨나요?

전 소유자 동생: 지금 그런 말하러 왔나요? 법대로 하시라니까요.

족장: 제가 법대로 할 것 같으면 지금 이 자리에 오지도 않았을 겁니다. 서로 협의하여 일을 매끄럽게 마무리하고 싶어 왔습니다.

전 소유자 동생: 그럼 4월 30일까지 나갈 테니 천만 원 주세요.

족장: 혹시 형님께서 4월 30일에 재매입 하신다는 얘기는 들으셨나요?

전 소유자 동생: 저는 매매는 전혀 관심이 없습니다. 그 부분은 형님하고 이야기하세요.

족장: 네. 그럼 사장님, 이렇게 하시지요. 먼저, 4월 30일까지 이사하시구요. 이사비는 1천만 원 드리도록 하겠습니다. 1가구1주택확인서 받은 거는 유효하기로 하며, 매도는 제가 알아서 하기로 하겠습니다. 어떻게 생각하시나요? 제가 해드릴 수 있는 최선이라고 생각합니다.

전 소유자 동생: 그럼 돈은 언제 받을 수 있는 건가요? 이사를 했는데 돈을 안 주시면 저는 어떻게 하나요?

족장: 원래 이사비는 점유자가 이사를 하고 짐을 다 실은 것을 확인 후 한꺼번에 드리는 것입니다. 허나 약속이행각서를 써주시면 200만 원 드리고 나머지 800만 원을 이사 당일 드리도록 하겠습니다. 이런 조건은 그 어떤 낙찰자도 들어주지 않을 것입니다. 제가 사장님을 믿고 사장님도 저를 믿으시는 것 같으니 최대한 양보하여 일처리를 하려는 것입니다. 이게 마지막으로 제안 드리는 것이며 이 조건도 싫다면 더이상 서로 불편하게 만나거나 따로 연락드리는 일은 없을 것입니다. 저는 비록 이렇게 만난 인연이지만 마지막에는 악수라도 한번 하고 헤어질 수 있기를 바랍니다. 생각해보시고 연락주세요.

전 소유자 동생: 네, 알겠습니다.

며칠 후 동생에게서 연락이 와서 이행각서를 쓰겠다고 했다. 어차피 임차인 입장에서는 다른 카드가 없을 것이다. 낙찰자의 조건을 받아들이지 않으면 명도소송이 끝날 때까지 기다렸다가 이사비 한 푼 못 받고 나가게 될 뿐이다.

이사비 1천만 원은 솔직히 적은 금액이 아니다. 그런데 명도소송으로 진행되어 강제집행으로 마무리되었을 때 비용을 계산해보았다.

강제집행비용이 평당 약 5만 원, 한 달 이자가 80만 원. 이렇게 2개만 놓고 본다면,

강제 집행비용 50,000원×약 80평＝400만 원
명도소송 기간 중 한 달 이자 800,000원×6개월＝480만 원

총 860만 원이 된다. 이렇게 계산해보니 1천만 원이 많지 않다고 생각한 것이다. 이사비를 책정할 때는 얼마만큼의 시간과 비용이 지출될 것인지, 또한 그 동안 스트레스는 얼마나 받게 될지 등을 감안해봐야 한다. 물론 안 주거나 적게 지급하는 것이 제일 좋은 것이라 생각할 수 있겠지만 나는 이사비를 조금 더 지급하더라도 웃으면서 헤어지는 것이 좋다. 결국 모든 일은 이행각서대로 이루어졌으며, 임차인은 예정보다 한 달 정도 빨리 나갔다.

약 속 이 행 각 서

부동산 표시: 대구 남구 대명동 ████ 면적 건물 248.1 , 대지 317.4㎡

공매물건번호: 2013-████-██

낙찰자: 차원희

주민등록번호: ████████ ████████

주소: 경기도 남양주시 별내동 ████-█ ███호

임차인: 김용█

주민등록번호: ████████ ████████

주소: 대구 남구 대명9동 ████-██

임차인: 김진█

편의를 위해서 낙찰자를 "갑"으로 임차인을 "을"로 표기합니다.

갑. 차 원 희
을. 김용█,김진█

갑은 11월21일 한국자산관리공사 조세관리정리팀으로 부터 금 292,750,000원에 낙찰을
받았습니다.

갑, 을 모두 원만하게 협의를 볼 의향이 있으며 이야기가 되었기에 약행이행각서를
작성합니다.

1.갑은 을에게 4월30일까지 명도 이사비 명목으로 금 일천만원(10,000,000원)을 전달한다.

2.갑은 을에게 일천만원 중 20014. 1월18일 금 이백만원(2,000,000원)을 먼저 지불할 것이며
나머지 금 팔백만원(8,000,000원)은 4월30일 이사 당시 짐을 옮긴 후 지불한다.

3.4월 30일까지 이사를 하지 않을시 갑은 을에게 월차임의 규정상 감정가의 20%까지 청구
를   할 것이며,청구할 임대료는 월 7,448,250원(감정가 446,894,880원 ×20%÷12개월)
   즉 29,793,000원(7448250×약4개월)을 청구할 수 있습니다.
   만약 위 사항이 지켜지지 않았을 시 귀화소유의(을의 소유) 채권 및 부동산과
   동산의 압류 및 기타 법적 조치를 취할 수 있습니다.

4.을은 갑에게 가족관계증명서 및 위임장을 전달하였으며 그것으로 인해 을은 갑에게
   아무런 법적 행위를 하지 않는다.

5.현재 공매 서류상으로 대항력 있는 김용██이 전입되어있지만 임차인 김용██은
   대항력이 없을뿐더러 전 소유자 김덕██에게 금전적인 임대료나 임대차계약서를
   작성한일이 없습니다.(물론 김남██(김덕██,김용██의 모)님과도 전혀 임대차는 없었음)
   김덕██ 김용██(현 임차인)은 가족관계이고 김용██은 현재 보증금 및 금전적인 부분없이
   무상으로 대구 남구 대명동 ███번지에 전입되어 있으나 거주를 하고 있지 않고,
   전 소유자인 부친 김진██님이 현재 전입신고 없이 점유를 하고 있습니다.

6.을은 갑에게 2월28일전에는 집안 내부를 볼 수 있게 제공해준다.

7. 현 거주자인 김████의 부 김진██님은 위의 내용에서 생략하였으나,
   그에 대한 모든 것을 김용██님이 위임하고 책임을 저야한다.

                위 모든 조항의 약속을 이행하지 못할시 김진██,김용██은 낙찰자 차원희에게
                    손해배상을 해주어야 하며 상기 내용들이 이행되지 않을시
                          민·형사상의 책임을 저야한다.

첨부서류: 1.임차인(김 용 ██) 인감증명서 1통
          2.주민등록 앞 뒤 복사본. (김용██)
          3.통장사본

                                                           2014년 / 월 ██ 일

                                                    임차인 (김 용 ██)

                                                    낙찰자 차

매매의 기술

임차인이 나가고 중개업소에 매매를 의뢰했더니 많은 사람들이 집을 구경하고 갔다. 그런데 공매로 싸게 매입했다는 소식을 듣고 말도 안 되는 가격을 부르는 사람도 있었다. 아파트 같은 경우 가격이 정해져 있는 반면, 주택은 정해진 가격이 없다. 그래서 단독주택은 시세를 정하는 사람은 공인중개사가 아닌 바로 물건을 가지고 있는 집주인이다. 공매로 저렴하게 낙찰을 받았다고 하여 무작정 싸게 매도하는 것보다는 합리적인 가격을 제시하여 매도해야 한다.

사실 단독주택을 낙찰 받은 뒤 가장 고민했던 부분은 인테리어였다. 과연 인테리어를 어느 정도로 해두어야 할까. 좋은 인테리어를 해서 더 높은 가격에 매도를 해야 할지, 꼭 손볼 데만 손볼지, 아니면 그냥 둘지 많이 고민했다. 하지만 나는 좀 다른 쪽으로 생각했다. 집은 남자가 사용하기보다는 여성들이 더욱 많이 사용한다. 그렇다면 남자인 내가 임의로 집을 꾸미는 것보다 여성이, 기왕이면 들어오는 사람이 인테리어를 하는 것이 좋겠다고 생각했다. 적절한 매수자가 나타났는데 인테리어 비용만큼 매도가격을 낮춰준다고 하니 들어오는 매수자 또한 매우 흡족해하였다(단독주택일 경우 인테리어 비용이 많이 지출되기에 그 비용만큼 저렴하게 매도하는 것도 한 방법이다). 집을 내놓은 지 두 달이 채 안 되어 임자가 나타났고, 약 4억 원에 매도를 했다.

조금 더 기다렸다면 굳이 인테리어를 하지 않아도 더 좋은 가격을 받아 더 많은 수익을 얻을 수 있는 물건이었다. 하지만 투자자 입장에서는 너무 많은 수익을 내려고 욕심을 내기보다는, 적당한 가격에 빠른 템포로 매도

한 뒤 다시 다른 물건에 투자를 하는 게 낫다고 생각한다. 욕심을 더 부렸다가 적당한 매수자가 없어 매달 이자만 납부하다 더 저렴한 가격에 매도하는 경우를 종종 봤기 때문이다.

이번 단독주택 같은 경우 많은 사람들의 생각을 바꾸어주는 물건이었다. 주위 투자하시는 분들도 분명 매도가 어려울 것이라 생각했고 물건 처리도 힘들 것이라 믿었다. 하지만 막상 뚜껑을 열어보니 생각보다 어렵지 않았으며 일반물건보다 더욱 편하게 진행되었다. 부동산중개업소 혜택을 많이 보게 되면서 양도세는 기존에 납부하는 수준의 10%만 내게 되었고 취득세 또한 많은 혜택으로 인해 절반도 안 되는 금액에 처리를 하게 되었다. 2억 9천만 원 정도에 낙찰을 받아 약4억 원에 매도를 하였으니 비용과 세금을 모두 제외하고도 약 1억 원 가까이 되는 수익을 안겨준 물건이 되었다.

[별지 제8호 서식]

영수필통지서 (징수기관용)

(1면)

(전자)납부번호					수입징수관서	계좌번호	
분류기호	서코드	납부년월	결정구분	세목	경산 세무서	042330	
0126	515	1408	1	22			

성명	차원희	주민/사업자 등록번호	841216-	회계년도	2014
주소	경기도 남양주시 별내동			일반회계	기획재정부소관	조세

귀속연도/기분	2014 년 귀속
세목명	납부금액
양도소득세	
농어촌특별세	7,800,510
계	7,800,510

왼쪽의 금액을 한국은행 또는 국고(수납)대리점인 금융기관에 납부하시기 바랍니다. (인터넷 등에 의한 전자납부 가능)

납부기한   2014년   08월   31일

년   월   일

은 행   지 점
우체국

(수납인)

※ 이 납부서는 FAX로 전송하거나 복사하시면 자동화기기로 납부할 수 없습니다.
※ 이 납부서로는 우리, 신한, 국민, 경남, 기업, 광주은행 또는 수협, 농협 자동화기기에서 납부할 수 있습니다

납 부 서 (수납기관용)

(2면)

(전자)납부번호					수입징수관서	계좌번호	
분류기호	서코드	납부년월	결정구분	세목	경산 세무서	042330	
0126	515	1408	1	22			

성명	차원희	주민/사업자 등록번호	841216-	회계년도	2014
주소	경기도 남양주시 별내동			일반회계	기획재정부소관	조세

귀속연도/기분	2014 년 귀속
세목명	납부금액
양도소득세	
농어촌특별세	7,800,510
계	7,800,510

왼쪽의 금액을 한국은행 또는 국고(수납)대리점인 금융기관에 납부하시기 바랍니다. (인터넷 등에 의한 전자납부 가능)

납부기한   2014년   08월   31일

년   월   일

은 행   지 점
우체국

(수납인)

※ 이 납부서는 FAX로 전송하거나 복사하시면 자동화기기로 납부할 수 없습니다.
※ 이 납부서로는 우리, 신한, 국민, 경남, 기업, 광주은행 또는 수협, 농협 자동화기기에서 납부할 수 있습니다

영 수 증 서 (납세자용)

(3면)

(전자)납부번호					수입징수관서	계좌번호	
분류기호	서코드	납부년월	결정구분	세목	경산 세무서	042330	
0126	515	1408	1	22			

성명	차원희	주민/사업자 등록번호	841216-	회계년도	2014
주소	경기도 남양주시 별내동			일반회계	기획재정부소관	조세

귀속연도/기분	2014 년 귀속
세목명	납부금액
양도소득세	
농어촌특별세	7,800,510
계	7,800,510

왼쪽의 금액을 한국은행 또는 국고(수납)대리점인 금융기관에 납부하시기 바랍니다. (인터넷 등에 의한 전자납부 가능)

납부기한   2014년   08월   31일

년   월   일

은 행   지 점
우체국

(수납인)

※ 이 납부서는 FAX로 전송하거나 복사하시면 자동화기기로 납부할 수 없습니다.
※ 이 납부서로는 우리, 신한, 국민, 경남, 기업, 광주은행 또는 수협, 농협 자동화기기에서 납부할 수 있습니다

단독주택 낙찰 잘 받는 방법

1. 반듯한 토지를 선택하여 공략하라.

단독주택은 아파트와 조금 다르다. 아파트는 일단 매입하고 나면 오래된 곳이 아닌 이상 재건축이 되지 않는다. 하지만 단독주택은 단독주택으로 재건축을 할 수 있으며, 원룸, 빌라, 수익형 부동산 등으로 바꾸는 경우도 많다. 이 중 수익형 부동산으로 매도하기 위해서는 땅 모양이 반듯해야 한다. 공간이 어느 한 곳으로 치우치거나 귀퉁이가 많을 경우 다음 건축을 할 때 도면이 제대로 그려지지 않기 때문이다.

2. 임차인을 무난하게 들일 수 있는 주택을 공략하라.

땅이 넓지 않지만 임차인을 들일 수 있는 주택이 있다. 단독주택은 1층에 주인이 살면서 지하 또는 2층에 임차인을 들일 수 있게 따로 문이 설치되어 있는 곳이 많다. 이런 곳은 2층이나 3층 또는 지하층에 임차인을 들여놓고 전세나 월세를 받으며 수익형 부동산으로 탈바꿈시킬 수 있다. 이런 투자의 장점은 투자금이 적게 투입된다는 것이다. 예를 들어 시세 3억 원의 주택에 지하층과 2층이 있다고 하면 지하층에 전세 4천만 원, 2층에 전세 8천만 원을 받으면 실 투자금 1억 2천만 원으로 단독주택을 얻을 수 있다. 다른 사람들과 약간은 다른 차별화 방법으로 입찰을 할 경우 낙찰 확률을 높일 수 있다.

3. NPL을 공략하라.

주거용에도 여러 가지 종류가 있다. 아파트, 빌라, 단독주택 등이 대표적인데 주거용이 과열현상을 보일 때에는 일반 낙찰을 받는 것보다 NPL을 활용하는 것도 좋다. 아파트나 빌라일 경우 대부분의 채권금액이 높지 않아 채권회사에서 채권확보가 비교적 쉬운 편이긴 하나, 시세가 없는 단독주택일 경우 채권회사 측에도 여간 까다로운 것이 아니기에 매입을 할 수 있는 경우도 있다.

4. 낙찰 후의 모습을 상상하며 입찰해야 한다.

경매로 넘어간 집은 대부분 관리가 안 되는 곳이 많다. 내적인 부분뿐만 아니라 외적인 부분까지도 관리가 잘 안 되어 낡고 허름해 보이니 많은 이들이 낙찰을 받기 꺼리고, 그러다보니 유찰이 많이 된다. 이런 집은 무조건 피할 것이 아니라 낙찰 후의 모습을 상상해보면 된다. 경매는 낙찰을 받는 것도 중요하지만 낙찰을 받은 뒤 어떤 모습으로 매도할 것인지를 생각해야 한다. 아파트나 빌라의 경우 기존의 틀을 바꿀 수 없기 때문에 내부 인테리어만 바꾸지만 단독주택인 경우 충분히 내가 원하는 집, 살고 싶은 집으로 만들 수 있다. 따라서 저렴한 가격에 주택을 낙찰 받아 리모델링 후 매도함으로써 수익을 극대화하면 된다.

작년 어느 날 부동산중개업소에 있는데, 여자 네 분이 시세보다 저렴하게 나온 일반 주택을 매입해가는 것을 보았다. 어떤 이유로 매입을 하느냐고 물으니 직접 리모델링을 한 후 매도를 하려 한다는 것이다. 시세차익은 약 5천만 원~1억 원 정도로 보고 있다고 했다. 일반 매매 물건으로도 이런 수익을 내는 것을 보고 리모델링이 얼마나 중요한지 깨달았다.

8장

투자자에게
오히려 기회가
되는 유치권

유치권 물건
필수 체크리스트

경매를 하다보면 정말 자주 접하는 단어가 바로 유치권이다. 유치권은 부동산에 공사를 시행한 뒤 공사비를 받지 못했을 경우 해당 부동산을 점유하여 공사대금을 변제받을 때까지 반환을 거부하고 적법하게 자기의 몫을 주장할 수 있는 권리다. 유치권은 말소기준권리를 기준하여 소멸되는 것이 아니다. 진정한 유치권자, 즉 공사를 실제로 한 사람이라면 낙찰자가 미변제된 공사대금을 인수하게 되는 것이다. 하지만 경매인들이 유치권 물건에 지속적으로 관심을 가지는 이유는 그 물건의 이해관계인들이 낙찰을 염두에 두고 불법으로 허위 유치권 신고를 하는 경우가 대부분이기 때문이다.

부동산도 우연한 기회에 인연이 되기도 한다

추운 겨울이 지나고 봄이 왔다. 이 때가 되면 추운 겨울 내내 실내생활을 해서 그런지 괜히 바깥 활동을 하고 싶어진다. 커피숍에 가서 혼자 책을 읽고 좋은 사람을 만나 흘러가는 이야기도 하고 싶다. 그 날도 그런 봄 날 중 하루였다. 지인을 만나 이야기를 나누고 집으로 돌아가기 위해 터미 널로 향했다. 그런데 공사가 중단된 건물 한 동이 눈에 띄는 것이다. "어라? 저게 뭐지?"

족장: 저건 뭔데 저렇게 지저분해?

지인: 어? 너 경매한다고 했지? 저거 유치권이라던데, 위치는 참 좋아. 그 런데 유치권이 뭐야?

족장: 웅? 유치권? 좀 어려운데 쉬운 거. 그런 거 있어. 그런데 저건 공사 를 하는 도중인 것 같은데. 웬만해선 유치권이 인정될 것 같아.

지인: 아깝다. 위치는 진짜 좋은데.

족장: 그러게. 위치 좋네.

대수롭지 않게 생각하고 차에 몸을 실은 후 집으로 향했다. 가는 동안 대 체 어떤 물건이기에 아무도 낙찰을 받아가지 못하는지 궁금증이 생겼다. 집에 돌아오자마자 그 물건을 검색해봤다. 우연히 마주친 그 건물을 경매 사이트에서 다시 만나려는 것이다. 몇 번의 클릭을 거쳐 그 물건을 찾아냈는 데 유치권 신고된 금액이 만만치 않다. 감정가 14억 6천만 원에 현재 3회 유 찰되어 최저가격이 7억 1천5백만 원이다.

유독 이 상가가 매력 있는 이유가 있었다. 경기도 이천은 지역 특성상 전철이나 기차 등이 없어 대중교통은 오직 버스로 이동하게 되어 있다. 그 러하다 보니 모든 상권이 터미널 근처에 형성되어 있었는데, 우연히 마주 친 그 건물도 터미널 옆에 자리 잡고 있는 것이다. 내가 이 건물에 더 빠져들었던 것은 가격적인 메리트도 있었으나 더 중요한 것은 입지가 정말 좋다는 것이었다.

그렇다면 입찰 전에 알아볼 것은 유치권이 어디까지 성립되느냐이다. 먼저, 실제 공사비와 신고한 금액의 차이가 얼마나 되는지 알아봐야 했으며(신고한 금액은 공사를 모두 마쳤을 때의 금액인 경우가 대부분이다), 다음으로 어디까지 성립이 되는 유치권인지를 밝혀내야 했다.

유치권을 임장할 때에는 여러 가지 포인트를 잡고 체크하는 것이 좋다.

1) 현 건물의 값어치가 얼마나 되는지
2) 유치권이 성립되었을 때 모든 유치권금액을 변제하고도 이익을 낼 수 있는지
3) 입지는 어떠한지
4) 투자금액이 얼마나 묶일 것인지
5) 공사 진행 상태는 어떻고, 유치권자들이 점유를 하고 있는지

현장조사에 필요한 것들을 체크리스트로 만들어 현장으로 가보았다.

1) 현재 건물이 완성된 상태라면 약 18억 원의 매매가격이 예상된다. 물론 임대를 놓아 수익률을 측정해보아야 하겠지만 충분히 수익이 가능한 임대료가 나올 수 있었다.
2) 현재 유치권신고금액은 7억 5천만 원 정도 된다. 하지만 이 금액은 모든 공사를 마쳤을 때이고, 아직 그 수준까지 진행되지 않은 것으

로 판단하였다.

3) 터미널 근처에 있어 입지가 정말 뛰어난 위치에 있었다. 이천의 경우 20만의 인구가 사는 대규모 도시인데 교통편이 매우 열악한 편이다. 지금 전철이 공사 중이긴 하나, 그마저도 시내와는 많이 떨어진 곳에 있으며, 현재 모든 사람들이 서울이나 타지로 나가기 위해서는 무조건 터미널을 이용해야 한다.

4) 실제로 공사에 들어간다면 많은 투자금액이 묶일 수도 있겠지만, 대출만 잘 실행된다면 큰돈이 묶이지 않을 수 있겠다는 생각이 들었다.

5) 유치권이 성립되기 위한 첫 번째 조건은 점유이다. 간접점유이든 직접점유이든 간에 이 물건을 점유하고 있느냐 아니냐에 따라 유치권이 인정되느냐 마느냐가 결정되는 중요한 열쇠가 되기에 공사현장에 누가 어떤 식으로 점유하고 있는지 알아야 한다.

공동투자로
리스크를 분담하다

이 물건이 좋은 건 확실한데 금액과 유치권 등 혼자 입찰하기에는 부담되는 부분이 많았다. 그래서 함께 입찰하고 고민할 수 있는 파트너가 필요했고, 경매 지식이 있고 믿을 만한 사람으로 한두 명 더 섭외하기로 했다. 얼마 전 함께 송사무장님 경매 정규강좌를 수강했던 마음이 잘 맞는 두 사람이 떠올랐다. 한 사람은 형사고소에 뛰어난 사람, 또 한 사람은 민사소송에 뛰어난 사람. 두 사람을 섭외하는 데 성공했다. 나는 현장 경험이 많은 사람으로 셋이 함께하면 무슨 일이든 해낼 수 있을 것 같았다.

공동투자에서 중요한 것은 상대방에 대한 신뢰다. 어떤 일이 벌어졌을 때 믿음이 깨지는 순간 모든 관계는 모래알처럼 흩어질 수가 있다. 친한 사이일수록 돈 문제는 확실하게 하라고 했던가. 공투(공동투자)를 할 경우 서로가 조금은 불편하더라도 동업계약서를 작성하고 공증을 받아두는 것이 좋다. 돈이 오고가는 문제이기에 어떤 일이 잘못되었을 경우 그 만큼의 책임을 져야 하기 때문이다. 우리 세 사람은 협의 끝에 각각 1/3씩 투자하기로 했다.

이제는 나 혼자 하는 것이 아닌 세 사람이 함께 투자하는 것이다. 한 사람씩 각자 임무를 맡았고 누구라 할 것도 없이 일사불란하게 움직이기 시작했다. 한 사람은 부동산중개업소를 돌아다니며 더 세밀하게 시세 조사를 했고, 또 한 사람은 유치권에 대한 제보가 있는지 수소문했다. 그리고 나머지 한 사람은 공사의 진척 정도를 알아보았다.

허위 유치권이 아닌 실제 공사를 하고 점유를 하는 경우, 유치권은 증거로 싸우는 게임이 된다. 어떤 증거물을 확보하느냐에 따라 결과가 달라지며, 상대방의 조그마한 허점 하나로 유치권이 성립되고 안 되고의 미묘한 차이가 생긴다. 그러니 작은 단서라도 제공해줄 수 있는 사람을 만나면 엄청난 도움이 된다. 그런데 공사장 현황을 알아보던 파트너에게서 다급히 연락이 왔다.

경매 진행 중인데 공사 중?

족장: 무슨 일인데 이렇게 부르는 거야?
공투1: 이거 한번 봐봐. 지금 여기 공사 진행 중인 것 같은데?
족장: 무슨 말도 안 되는 소리야. 이 사람들이 바보야? 경매로 넘어갔는데 왜 공사를 해.

확인해보니 눈앞에서 있을 수 없는 상황이 펼쳐지고 있었다. 진짜로 공사를 진행하고 있었다. 분명 현황조사서상에는 철거 중이라고, 외부골조 및 벽체만 남은 상태라고 되어 있는데 이거 뭐지? 경매가 진행되는데도 불구하고 공사를 계속 진행했다는 것인가? 대체 이유가 무엇이기에 경매가 넘어간 상태에서 공사를 계속 진행한 거지?

기존의 현황조사서, 감정평가서의 사진

추가로 공사가 진행된 사진

현장은 경매진행 시 첨부된 사진보다 실제 공사가 좀 더 진행된 상태였다. 대체 뭐하는 사람들이지? 분명 현황조사나 감정평가는 경매기입등기 이후에 조사를 했을 텐데 무슨 이유로 경매가 진행됐음에도 불구하고 계속 공사를 했다는 것인가? 경매가 진행되는지 몰랐을까?

> **TIP** 유치권이 성립하려면 기본적으로 공사업자와 도급인(공사를 의뢰한 사람)과의 채권 채무관계가 형성되어야 한다. 즉, 공사업자는 공사를 완료해야 하고, 그 공사대금을 지급받기로 한 기일이 경과되어야만 그때부터 유치권이 발생될 수 있는 것이다. 그런데 이 물건은 경매가 진행된 후에도 공사가 진행 중이니 유치권과는 거리가 먼 상황이다.

그렇다면 현재까지 진행된 공사 중에서 어느 정도 인정받을 수 있을까? 공사를 정말 하긴 했지만, 이 사람들은 과연 공사대금을 받을 수 있을까? 물건 앞에 서서 여러 고민을 해보았다. 마지막으로 내가 이 상황을 헤쳐 나갈 수 있을 것인지도.

입찰을 결심하다

3일 전까지 우리 세 사람은 입찰하자는 말 한 마디 못한 채 서로 눈치만 보고 있었다. 혼자 하는 입찰이었다면 좀 더 빨리 결정했을 것이다. 하지만 세 명이 함께 투자하다보니 설령 잘못되었을 경우 뒷감당이 어려울 것 같아 선뜻 결정하지 못했다. 분명 물건이 좋은 것은 모두 알고 있었지만, 물건이 복잡한 만큼 그 누구도 자신 있게 입찰하자는 말을 꺼내기가 부담스러웠다.

각자의 생각이 달랐고 보는 관점이 달랐다. 한 사람은 위치는 좋다고 보는데 대출이 여의치 않아 현재 현금이 부족하다는 의견이고, 한 사람은 자금력은 되는데 물건지의 위치가 모호하다는 의견이었으며, 한 사람은 자금력도 되고 위치도 좋은 것 같은데 유치권이 두렵다고 했다.

유치권 자체에 실제 공사를 한 내용이 있어 부담스러웠는데, 공사가 생각보다 더 많이 진척되어 있어 난감했다. 하지만 누군가는 이 물건을 낙찰 받아 처리할 것이다. 어떤 사람이든 들어와 처리를 할 수 있다면 나도 가능하지 않을까? 유치권은 경매투자를 하면서 언제가 한 번은 넘어야 하는 산이었다.

감정가는 14억 6천만 원, 현재 유찰가 7억 1천5백만 원. 유치권신고금액 7억 4천5백만 원. 최저가 근처에 낙찰을 받는다면 유치권금액을 해결하고 나서도 큰 손해는 없어보였다. 8억 원(입찰예상가)+7억 4천5백만 원(유치권신고금액)=15억 4천5백만 원이었다. 만약 유치권만 해결 가능하다면 분명 큰 수익을 안겨줄 수 있는 물건이었다.

입찰자 입장에서는 물건이 좋을 때뿐만 아닌 최악의 상황도 항상 염두에 두어야 한다. 위 물건 같은 경우 유치권금액이 진성으로 판명된다고 해도 손해는 보지 않을 물건이었다. 부동산경매에서 제일 중요한 것은 원금 보장이지 않은가. 잘못되더라도 위험만 최소한으로 줄인다면 충분히 도전해볼 만한 물건이었다. 다른 두 사람도 긍정적인 생각을 내비쳤고 마침내 입찰을 결심한 세 남자의 겁 없는 도전은 시작되었다.

부모 자식 간에도 돈 거래는 하지 않는 것이 좋다고 했다. 투자를 하는 사람들끼리 만나 이렇게 공동투자를 하기로 했으니 서로 간에 투자약정서를 만드는 것은 기본 이다. 일반물건이든 특수물건이든 간에 시간이 길어지다 보면 각자의 생각이 변할 수도 있고, 최악의 경우 유치권 소송이 진행되면 모두 지쳐 공동투자를 안 한 것만 못한 결과가 나올 수도 있다. 이런 상황을 예방하기 위한 제일 좋은 방법은 입찰 전 에 서류로 정확하게 특정하는 것이다(공투를 할 때는 꼭 문서화하여 남겨야 한다).

부동산공동투자약정서

타경2013-XXXX 물건 관련 공통투자에 따른 상호 협의 사항을 아래와 같이 의결하며 이에 대한 모든 민형사상 책임에 있어서는 아래의 협약 사항을 따 르기로 한다.

- 아 래 -

제1조(공동투자자 명단)

	성명	주민번호	주소	확인
투자자1(갑)				인
투자자2(을)				인
투자자3(병)				인

제2조(공동투자대상 부동산표시 및 매수금액)

부동산의 표시: 타경 2013-XXXX "경기도 이천시 ○○동 ○○○-○ (토지, 건 물 일괄)"
매수금액: 2013타경XXXX 낙찰대금(000,000,000원) 외 추가 비용은 협의하 기로 한다.

제3조(소유권명의)

소유권명의는 갑, 을, 병 각 1/3 지분으로 한다.

제4조(대출명의)

대출명의는 갑으로 하고 대출이자는 모든 지분권자가 3개월분의 이자를 갑의 통장에 예치하여 두고, 다음 회 납입부터는 매달 이자 납입일 2일 전에 갑의 대출금 통장에 입금하여 대출이자를 충당한다.

제5조(투자비용)

투자 시 필요한 비용은 각 1/3씩 지출하기로 한다.

제6조(수익배분)

수익배분도 1/3씩 하기로 하나 추후 사정에 의하며 투자비용이 상호 합의하에 달라질 경우 투자비용 비율에 따라 수익도 배분한다.

제7조(청산기간)

건물 완공 후 임대하여 가능한 매매를 빨리 수행하는 것으로 하되 진행도중 지분권자 과반수 이상의 의결이 있을 시 의견대로 수행한다.

제8조(공유물의 처분/의사 결정)

투자 과정에서 의견 결정 시 과반수 이상의 결정으로 한다. (공유물의 처분에 관한 행위는 민법상 공유자 전체 동의가 있어야 하나 지분권자 과반수 이상의 결정이 있을 시 나머지 지분권자도 과반수의 결정에 무조건 따르기로 한다.)

제9조(기타 부대 비용)

각자 회당 물건지를 방문할 경우 각자 4만 원을 소요한 것으로 일괄 처리하고 향후 전체 수익률에서 각자의 회당 금액을 차감한 후 각자의 비율에 맞게 배당하고, 기타 잡비(식대, 음료, 접대비 등) 비용은 영수 처리된 것만 공제 처리하고 향후 수익에서 공제 후 배분한다.

12만 원 차이로 낙찰 받다

입찰봉투를 제출하고 조용히 기다리자 드디어 입찰한 물건이 호명되기 시작했다. 법원에는 긴장감이 흘렀다. 입찰을 하지 않은 사람들도 물건번호가 호명되자 어떤 사람이 입찰에 들어왔는지 궁금해하는 눈치다. 집행관이 호명하기 시작했다. "총 세 분이 입찰에 참가하셨습니다. 1등과 2등의 차액은 약 12만 원이네요. 8억 1천3백만 원을 쓰신 OOO 외 2명이 최고가매수인입니다."

2013타경1▆		• 수원지방법원 여주지원 • 매각기일 : **2014.05.07(水) (10:00)** • 경매 5계 (전화:031-880-7449)					
소 재 지	경기도 이천시 중리동 ▆▆▆ 도로명주소검색			오늘조회: **1** 2주누적: **4** 2주평균: **0** 조회동향			
물건종별	근린시설	**감 정 가**	1,460,512,000원	**구분**	**입찰기일**	**최저매각가격**	**결과**
토지면적	221.5㎡(67.004평)	**최 저 가**	(49%) 715,651,000원	1차	2014-02-26	1,460,512,000원	유찰
				2차	2014-04-02	1,022,358,000원	유찰
건물면적	807.54㎡(244.281평)	**보 증 금**	(10%) 71,570,000원	3차	2014-05-07	**715,651,000원**	
매각물건	토지·건물 일괄매각	**소 유 자**	정▆▆	낙찰 : **813,000,000원** (55.67%)			
개시결정	2013-07-25	**채 무 자**	원▆▆	(입찰2명,낙찰:박▆▆외2)			
				매각결정기일 : 2014.05.14 - 매각허가결정			
				대금지급기한 : 2014.07.18			
사 건 명	임의경매	**채 권 자**	▆▆▆은행	대금납부 2014.06.30 / 배당기일 2014.08.13			
				배당종결 2014.08.13			

낙찰이다. 최고가매수인 영수증을 들고 밖으로 나오는데 아무도 명함 한 장 주지 않는다. 대출해주시는 분들도 여러 건의 유치권 신고가 된 물건인지 알고 대출 자체가 안 될 거라고 여겨 명함을 안 주는 듯했다. 우리의 긴 여정은 이렇게 시작되었다.

며칠 후 유치권의 단서를 찾기 위하여 법원서류를 열람하던 중 뭔가 수상한 게 눈에 들어왔다. 입찰자가 2순위채권자다. 채권자가 입찰에 들어온 것이었다. 채권자가 입찰에 들어왔다는 것은 어떤 의미일까? 이 사람들이 대체 무슨 이유로 입찰을 한 것일까? 채권회수가 불가능하다보니, 건물을 매입하여 손해를 만회하려고? 모르는 척하고 슬쩍 떠보기 위해 전화를 걸었다.

족장: 안녕하세요, XXXX타경XXXXX 낙찰자입니다.

입찰자: 네, 그런데요?

족장: 거액의 유치권이 있는 상황인데 입찰을 하셨더라고요. 경매하는 사람끼리 도움을 좀 청할 수 있나 해서요.

입찰자: 그걸 왜 그리 높은 금액에 낙찰 받으신 거예요?

족장: 그러게 말입니다. 낙찰 받을지 몰랐는데 받아버렸네요. 저희도 막막합니다. 이걸 어떻게 풀어야 할지. 사장님께서는 낙찰 받으시면 어떤 식으로 풀어가려고 하셨나요?

입찰자: 제가 그런 것까진 말씀드리긴 그렇고요. 매각허가결정이 나기 전에 매각불허가신청을 하세요. 괜히 머리 아픈 거 하지 마시고.

족장: 불허가요? 요즘은 불허가도 쉽지 않다는데, 특별히 소명할 거리가 없어서요. 임차인이 있는 것도 아니고 명세서상의 유치권자만 덩그러니 있으니 말이에요.

입찰자: 실제 공사를 했으니 쉽지 않으실 거예요.

족장: 혹시 실제로 어떤 공사가 되어 있는지 아시나요? 유치권자랑 혹시 아는 분이신가요?

입찰자: 아니에요. 전 그냥 입찰한 거예요.

족장: 네, 그러시군요. 알겠습니다.

채권자 측에서는 다시 매입하려 했으나 그렇게 하지 못해 상당히 억울한 듯 보였다. 채권자가 물건을 탐했다는 것은 물건 자체는 나쁘지 않다는 것이 확실하다는 판단이 들었다.

시간만 잡아먹는 항고

낙찰 후 시간이 꽤 흘렀다. 그런데 매각허가결정 후 대금지급기일통지가 발송되지 않는 것이다. 무슨 일인가 법원에 전화해보니 소유자가 항고를 했다고 한다. 항고? 전화를 끊자마자 법원으로 가서 서류를 열람해보았다. 대체 이건 또 뭐지?

| 2014.05.19 | 소유자 | 항고장 제출 |
| 2014.05.19 | 소유자 | 항고이유서 제출 |

정말 소유자가 항고장을 제출했다. 항고이유서도 함께 제출했다. 뭘까? 이 상황에서 항고장을 제출한 이유가 대체 무엇일까? 그런데 며칠 후 또 하나의 항고장이 제출되었다.

| 2014.05.21 | 배당요구권자 | 항고장 제출 |

배당요구권자? 무슨 이유로 배당요구권자가 항고장을 제출했을까? 항고가 유행인 것도 아니고. 더군다나 배당요구권자는 임차인도 아니다. 대체 배당요구권자가 누구일까? 단순하게 시간을 끌기 위해서? 아니면 낙찰자를 골탕 먹이기 위해서? 배당요구권자가 유치권자인가? 요즘은 이상한 경매 컨설팅들이 개입하여 일부러 항고장을 제출하는 경우도 있다. 하지만 그런 경우는 소유자나 임차인이 살면서 좀 더 시간을 벌기 위해서인데, 이 물건의 경우 사용수익을 하지 못하기에 항고를 한다고 할지라도 얻을 수 있는 부분이 전혀 없었다.

갑자기 생각이 많아졌다. 항고했을 경우 낙찰금액의 10%를 공탁 걸어두고 재판을 신청해야 한다. 무분별한 항고를 막기 위한 방안이다. 항고가 적법한 이유가 아니라면 공탁금을 몰수당할 수도 있어 대부분의 항고는 기각이 되곤 한다. 소유자나 배당요구권자나 공탁금은 걸지 못했고, 다행히 항고는 기각되었다. 잔금납부를 할 수 있는 기일까지 꼬박 한 달 하고도 10일이 더 걸렸다.

특수물건의 대출 장벽 뛰어넘기

낙찰을 받고나서부터 항고기간이 끝나기까지 가장 신경 쓴 부분은 대출이었다. 어느 정도 대출할 수 있을지, 어떻게 대출해야 할지를 알아봐야 했다. 물건 규모가 작지 않아서 대출금리에 조금 더 신중하게 접근해야 했기 때문이다. 하지만 금리 고민은커녕 아예 상대조차 하지 않는 은행들이 더 많았다. 멀쩡한 물건도 아니고 이렇게 건축 중인 건물을 누가 대출해주느냐는 것이었다. 은행 입장에서는 곤란한 상황을 만들고 싶지 않았을 것이다. 나는 유치권에 대해 자세히 이야기를 해주고 은행지점장들을 찾아가 설득했지만 선뜻 대출해준다는 곳이 없었다.

그래서 서울, 경기 지역의 경매법정으로 가서 대출해주시는 분들의 명함을 모으기 시작했다. 어디든 두드려봐야 했다. 대출담당자를 설득하고 또 설득했다. 혹시라도 우리 물건이 소송까지 갔을 경우 금리 1%가 너무나 크게 느껴질 수 있기 때문이다.

이리저리 뛰어다니나보니 기존의 조건보다 나은 조건을 제시하는 은행이 하나둘씩 생겨나기 시작했다. 그러던 중 파격적인 조건을 제시하는 은행이 나타났다. 제1금융권이라 믿음도 갔다. 소득만 괜찮다면 이 물건의 대출이 전혀 문제 없다는 의견이었다. 물건의 가치와 땅값은 떨어지는 것이 아니니 크게 상관이 없다는 것이다. 열심히 두드리다보니 그에 따른 성과를 얻은 것이다.

말로 법으로
유치권자들 다루기

잔금납부를 한 후 유치권자들과 첫 면담이 이루어졌다. 유치권자는 현장소장, 섀시공사업자, 전기공사업자, 설비공사업자 이렇게 총 4명이었다. 유치권의 총 지휘를 하는 사람은 현장소장이며, 섀시·전기·설비공사업자는 한동네에 살면서 공사를 오랜 시간 함께해온 사람들이었다. 그중 현장소장을 먼저 만나보았다.

족장: 유치권신고가 많이 된 것 같은데요?

현장소장: 공사를 할 줄 아세요? 뭘 안다고 그러시나요?

족장: 싸우자고 온 것이 아닙니다. 타협을 하기 위해 온 것입니다.

현장소장: 그럼 돈 주세요. 나도 빨리 가고 싶네요.

족장: 유치권 협의 금액을 어느 정도 원하시나요?

현장소장: 법원서류 안 봤어요? 그 정도 들어갔으니 그만큼은 주셔야죠.

족장: 7억 원 좀 넘던데, 그 금액 말씀하십니까?

현장소장: 네, 무슨 문제가 있나요? 돈 가지고 오시든지 알아서 하세요.

족장: 신고 된 금액은 공사가 마무리되어 끝났을 때의 금액일 텐데 이렇

게 이야기하시면 저희 입장에서는 협상을 하지 않겠다는 뜻으로 생각할 수밖에 없습니다.

현장소장: 그래요? 네, 알겠습니다. 그럼 법대로 하세요.

상대는 자신감 넘치는 목소리로 몇 마디 던진 후 바로 자리에서 일어나 버렸다. 요즘 유치권자들은 공사기술뿐만 아닌 협상의 기술도 배우나보다. 현장소장은 말이 전혀 통하지 않았다. 최대한 협상으로 풀고 그것이 안 될 때 법의 심판을 받는 것이 맞다고 생각한다. 하지만 많은 시간을 소비해가며 법의 판단을 기다리기보다 더 빨리 해결할 수 있는 단서를 찾아 작은 희망이라도 만들기 위해 유치권자들을 만나는 것이다.

현장소장 외 나머지 세 사람에게 연락한 후 한자리에 모여 이야기를 나누었다.

유치권자: 우리는 공사만 하는 사람들이라 법 같은 거는 잘 몰라요. 경매는 더 모릅니다.

족장: 네, 잘 알고 있습니다. 타협이 되면 타협하면 되고, 도와드릴 일이 있으면 도와드리고자 만나자고 한 겁니다. 공사는 얼마나 진행됐나요?

유치권자: 거의 다했지요. 90% 정도는 끝냈습니다.

족장: 90%요? 제가 들어가서 잠깐 봤는데 특별한 공사는 안 된 것 같던데요?

유치권자: 우리는 90% 했으니까 90%에 해당하는 금액은 주셔야 합니다.

족장: 90%를 했다면 당연히 드려야죠. 하지만 그 정도는 아닌 것 같은데

어떻게 하지도 않은 공사비를 요구하세요?

유치권자: 이 사람 무슨 말 하는 거야?

족장: 그리고 왜 경매가 진행되는 도중에도 공사를 하셨어요? 공사가 진행되었어도 낙찰자가 무조건 공사대금 전부를 변제해야 하는 것이 아니라 법적인 효력 안에서 성립이 될 때 드리는 겁니다. 그러니 요구하시는 금액에 대한 자세한 설명 부탁드립니다.

유치권자: 소유자가 돈을 준다고 하는데, 그럼 공사를 안 합니까?

족장: 돈을 줄 수 없게 되었는데도 공사를 하시나요?

유치권자: 그런 건 이제 다 필요 없고 돈이나 가지고 오세요.

족장: 이쪽 분들은 3억 정도 신고하셨던데, 그럼 2억 5천은 받아야 한다는 말씀이신가요?

유치권자: 네, 그렇습니다. 얼마를 주려고 생각했습니까? 이렇게 오셨으면 그래도 생각하신 금액이 있을 텐데요.

족장: 저희는 2천만 원 생각했습니다. 그것도 최대한 많이 들어가면 그 정도구요.

유치권자: 지금 장난하시는 겁니까?

족장: 공사를 했는지 안 했는지도 모르는데 2천만 원이 적은 돈은 아니지요.

유치권자: 더 이상 얘기할 필요가 없을 것 같습니다. 우린 할 말 다 했으니 상의하고 연락주세요.

유치권이 인정 안 된다는 작은 단서라도 찾고, 어느 정도 공사를 했는지 들어보고 협상을 하기 위해 유치권자들은 만난 건데 단서는커녕 돈 달라는 소리만 들었다. 낙찰자가 무슨 봉도 아닌데 어떻게 이렇게 당당하게 돈을 요구할 수 있는지 모르겠다. 실제로 공사를 하지도 않고 많은 금액을 요구하는 것을 보니 이번 일로 인생역전을 생각하는 모양이다.

우리 세 사람은 각자의 역할을 나눠 유치권이 성립되지 않는 요소들을 찾기 시작했다. 그러다보면 유치권이 성립되기 힘든 부분이 있을 것이라 믿었다. 주위 사람들까지도 탐문 수사(?)를 했지만 단서를 찾기는 여간 힘든 일이 아니었다.

며칠 후 유치권자 세 명에게 연락을 하여 다시 만났다.

유치권자: 돈 가지고 왔어요?

족장: 어떤 공사를 했는지 말씀해주셔야 돈을 드리죠.

유치권자: 그럴 줄 알고 내가 사진을 찍어뒀습니다.

족장: 그럼 보여주세요.

유치권자: (사진을 몇 장 보여준다.) 보셨죠?

족장: 네. 그런데 이렇게 공사한 비용은 얼마 안 되어 보이는데요? 신고된 금액은 공사가 끝났을 때 받을 금액일 테니까요.

유치권자: 그럼 우리 세 사람이 공사한 비용 다 합해서 5천만 원 주세요. 그럼 빠지겠습니다.

족장: 5천만 원이요?

유치권자: 네, 우리도 머리 아픈 것 싫으니 그냥 그것만 주세요. 빠지겠습니다.

족장: 5천만 원은 드릴 수 있습니다. 대신 우리의 요구를 들어주셔야 합니다.

유치권자: 어떤 요구요?

족장: 저희 쪽에서 문서로 만들어 보내드리도록 하겠습니다. 보시고 판
단해주세요.

유치권자: 알겠습니다. 팩스로 보내주세요.

일이 마무리되면 더 큰 수익이 따라올 것이기에 5천만 원으로 유치권
이 해결된다면 나쁘지 않은 거래라고 보았다. 이 사람들이 처음에는 2억
5천만 원을 요구하더니 실제 공사한 비용은 5천만 원도 채 안 되는 모양
이다. 유치권자들이란…. 이 일로 나머지 유치권도 해결될 테니 일석이조
라 할 수 있었다. 우리는 합의서 내용을 정성스레 준비한 후 유치권 합의
서를 보내주었다.

유치권 합의서

1. 소유자

성명	주민번호	주소	확인
			인
			인
			인

2. 유치권자

성명	주민번호	주소	확인
			인
			인
			인

3. 부동산 표시

경기 XXX.XXX.XXXXX 토지, 건물 일괄

4. 유치권 신고내역

5. 협의금액

가. 소유자들은 2014년 XX월 XX일 유치권자들에 금사천만원정을 지불하기로 한다.

나. 소유자들은 추후 유치권자들의 적극적인 도움으로 본 계약 외 유치권자인 ○○건설 ○○○에 대한 부동산 인도명령을 받을 시 금일천만원정을 추가 지불하기로 한다.

다. 협의금액 지불 방법은 유치권자 중 1명의 계좌로 이체하는 것으로 한다.

6. 협의내용

    가. 유치권 신고자들은 소유자들에게
        - 실제 공사현장 세부 사진
        - 공사 내역서
        - 공사 금액 및 이를 증빙하는 자료(세금 증명서 등)을
      소유자들에게 제출하기로 한다.
    나. 유치권 신고자는 현 점유 대리자인 ○○건설 ○○○에게 대리 점유 부분
      을 이전받고 이를 증빙한다.
        - 대리 점유 중인 ○○○에게 대리 점유를 이전받았다는 확인서(인감
          증명 첨부)
        - 현 점유물 출입이 가능한 열쇠
    다. 잔여 공사 완공을 위한 세부 내역서 및 금액
    라. 유치권 신고자는 차후 유치권 및 본건 부동산에 대한 일체의 권리를 포
      기하며 이와 관련하여 민·형사상의 이의 및 소제기 등 기타 일체 이의
      제기를 하지 않는다.
    마. 유치권 신고자들은 추후 본 계약 외 유치권 신고자인 ○○건설 ○○○의
      명도에 관하여 소유자들에게 적극 협조한다.

7. 위약금

    가. 유치권자들은 위 협의내용을 이행하지 않을 시 연대하여 협의금액의 배
      액인 금일억원정을 소유자들에게 지불하기로 한다.

첨부: 인감증명, 사업자등록증

2014년   월   일

말이 안 통하면 법대로

유치권 합의서를 받은 유치권자들이 며칠 후 전화를 걸어 합의서를 쓸 수 없다고 통보했다. 그리고 자기네들은 점유도 풀어줄 수 없고 오로지 돈만 받고 빠지고 싶단다. 또 공사내역이라든지 공사금액 세금영수증도 끊어줄 수 없으니 그 부분도 알아서 해달라고 한다. 결론은 이미 나와 있었다. 더 이상 합의를 할 수 없다는 통보와 같은 것이었다. 쉽게 마무리되나 싶었는데 처음 생각한 대로 정식 절차를 밟을 수밖에 없었다.

인도명령과 형사고소를 동시에 준비했다. 인도명령은 건물인도를 원하는 것이고 형사고소는 실제 공사를 하지 않은 공사업자, 미비한 공사를 해놓고 거액의 돈을 요구한 공사업자에게 경매입찰방해죄를 묻는 것이었다.

인도명령을 신청할 때 형사고소도 함께 신청한 것은, 유치권자를 최대한 흔들어놓기 위함일 수도 있고, 경찰과 함께 단서를 찾기 위한 방법이기도 하다. 그들은 실제 공사를 했고, 그에 따른 비용이 발생했기 때문에 쉽게 물러나지 않을 것으로 보았다. 그래서 앞으로 진행될 절차에 대해 미리 알려주면서 심리적 압박을 가하는 것이 좋겠다 싶어 인도명령과 함께 형사고소를 진행한 것이다.

인도명령과 형사고소가 접수된 후 심문서가 발송되었고 그 무렵 경찰 측에서도 유치권자들에게 연락을 했다.

일 자	내 용	결 과
2014.07.09	소장접수	
2014.07.10	피신청인1 　설 주식회사에게 심문서 발송	2014.07.17 이사 불명
2014.07.10	피신청인2 　에게 심문서 발송	2014.07.15 이사 불명
2014.07.10	피신청인3 　에게 심문서 발송	2014.07.15 도달
2014.07.10	피신청인4 　에게 심문서 발송	2014.07.16 도달
2014.07.21	피신청인2 　에게 심문서 발송	2014.07.21 도달
2014.07.24	피신청인1 　주식회사에게 심문서 발송	2014.07.24 도달

경매법원에 유치권 신고서를 제출한 것은 총 네 사람이었다.

그런데 고소장이 접수되자마자 유치권자 측에서 두 사람이 당황하며 연락을 해오기 시작했다.

유치권자: 아니 인도명령을 하면 하는 거지 무슨 형사고소까지 하세요?

족장: 허위유치권은 죄가 됩니다. 내용증명에서도 누차 강조했습니다.

유치권자: 아니 공사를 했는데, 무슨 죄가 됩니까?

족장: 1천만 원 공사하고 1억 원이라 해놓았는데 경매 방해를 하신 게 아닌가요? 경찰서에 출두해서 조사받으셔야 할 것 같습니다.

유치권자: 됐고, 나는 빠질 거니깐 빼줘요.

족장: 그렇다면 유치권에 대해 모든 권리를 포기하신다는 겁니까? 유치권자가 네 분인데 한 분만 그러신가요?

유치권자: 저 말고 한 사람 더 있습니다. 더 이상 관여하기 싫습니다.

족장: 네, 그럼 서류를 준비해 법원에서 뵙기로 하지요.

형사고소를 한 약발이 먹히는 순간이었다. 일반 사람들의 경우 경찰서,

법원 같은 곳에 드나드는 것을 몹시 불편해한다. 나 또한 수많은 물건을 진행하면서 입찰을 하러 가는 법정이 아니면 불편하기는 마찬가지였을 것이다. 매일 내 집처럼 법원을 드나드는 사람도 이런데, 자기 일도 못하고 불려가야 하는 일반인이라면 그 스트레스가 엄청날 것이다.

유치권자 중 두 명과 법원에서 만나 이야기를 나누었다. 그들은 실제 공사를 한 것은 맞지만 공사가 많이 진행된 상태가 아닌 데다, 머리 아픈 상황에서 벗어나고 싶다는 뜻을 밝혔다. 그들에게 취하서를 받아 유치권을 취하시키는 데에 성공했다.

| 2014.07.22 | 유치권자 ⬛⬛⬛ | 유치권포기각서 제출 |
| 2014.07.22 | 유치권자 ⬛⬛⬛ | 유치권포기각서 제출 |

이리하여 나머지 두 명도 기가 꺾이지 않을까 하는 기대를 했다. 그러나 그건 낙찰자의 바람일 뿐이었다.

확실한 결과를 얻기까지 방심은 금물이다

나머지 두 명은 강력하게 자신의 유치권을 주장하고 있는 상황이어서 인도명령결정을 받아야만 해결될 수밖에 없다. 우리는 유치권이 성립되기 힘든 부분을 하나하나 꼬집으며 서류를 제출하기 시작하였다. 그런데 이상하게도 유치권자 측에서는 아무런 답문조차 오지 않았다. 더 이상 반박거리가 없는 건가? 스스로 포기하는 건가? 왜 아무런 행동을 안 하는 거지?

특수물건의 경우 인도명령을 결정하는데 있어 판사들이 망설이는 경우가 종종 있다. 특수물건을 진행할 때에는 양측에 서류가 오고가며 증거 싸움을 하곤 하는데, 이번에는 낙찰자 측에서 증거자료를 제출해도 상대측에서는 아무런 반응조차 없다. 마냥 기다릴 수는 없어 무슨 일인지 경매계장에게 연락을 했다.

족장: XXXX타경XXXXX 낙찰자입니다. 낙찰 받은 물건 언제 인도명령이 결정날까요?

경매계장: 3일 뒤에 결제될 것 같습니다. 연휴가 많아서요.

족장: 그럼 3일 뒤에는 무조건 결제가 되는 겁니까?

경매계장: 네, 그렇습니다.

3일이면 금세 지나가니 조용히 기다렸다. 4일째 되는 날, 인도명령이 인용되었는지 확인해보았다. 그런데 아직은 확정된 게 없었다. 무슨 일이지? 다시 경매계장에게 전화를 걸었다.

족장: 인도명령 결제가 올라갔는데 결과는 언제 나오나요?

경매계장: 아, 그게 어제 결제를 올려 보냈어야 했는데 오늘 올렸습니다.

족장: 그게 무슨 말인가요?

경매계장: 유치권자 측이 와서 하루만 늦춰달라고 통사정을 하더라구요.

족장: 분명 저희에게 어제 결제 올라간다고 그러지 않았습니까?

경매계장: 통사정을 하니 어쩔 수가 없었어요.

족장: 혹시 유치권자들이 필요 서류를 제출했나요?

경매계장: 네, 서류를 제출하고 갔습니다.

족장: (아차!) 알겠습니다.

유치권자들은 우리가 반박서류를 준비하지 못하도록 일부러 하루 전날 인도명령신청에 관한 답변서를 제출했던 것이다. 초반에 서류를 넣고 상대방들이 아무 반응이 없자 마냥 방심하고 있다가 유치권자들에게 호되게 당한 것이다. 어쨌든 서류가 올라갔다고 하니 기다리는 수밖에 없었다. 지금 상황에서는 낙찰자가 어떤 방법을 제시할 수는 없다. 하루, 이틀, 사흘 인도명령의 결과가 나오지 않는다. 문의를 해보니 애매한 부분이 많아 판사가 고민을 하고 있다고 했다. 고민을 한다는 것은 확률 5대5 싸움이라는 것이다. 평범한 물건의 인도명령은 결제하면 대부분 그날 바로 결정된다. 하지만 이번 일은 간단한 문제가 아니기에 판사도 고민을 많이 하는 눈치였다.

며칠 후 결과가 나왔다. 그런데 열람을 해보니 기각이었다.

2014.08.22	종국 : 기각	
2014.08.25	신청인대리인 ▨▨▨▨▨에게 기각결정정본 발송	2014.08.27 도달
2014.08.25	피신청인대리인 ▨▨▨▨!에게 기각결정정본 발송	2014.08.27 도달

젠장! 기각이다. 심문기일조차 잡지 않고 바로 기각이 떨어졌다. 대체 무슨 이유 때문에 이런 결과가 나온 것일까? 판사가 서면만으로 판단하기 애매한 경우 대부분 심문기일을 잡고 변론을 하는 것이 보통인데 심문기일조차 잡지 않고 기각 결정이 내려진 것이다. 황당하기도 하고 유치권자들에게 뒤통수를 제대로 얻어맞은 기분이 들었다. 마지막 한순간에 방심한 것이 이런 결과를 낳다니. 경매는 정말이지 마지막 하루까지 방심하면 안 된다.

소송 중에 매수자가 등장하다

기각된 후 시련에 빠진 우리 삼총사에게 누군가에게서 전화가 걸려왔다.

무명인: ○○○ 사장님 되시죠?

족장: 네, 그렇습니다. 누구신가요?

무명인: 이천 건물을 매입하고 싶습니다.

족장: 누구신데 어떻게 알고 이렇게 연락을 주셨나요?

무명인: 전 이천 건물에 투자했다가 잘못되어 이렇게 된 사람입니다.

족장: 네, 채무자나 채권자와 무슨 관계이신가요?

무명인: 양쪽 다 관계가 있고, 중간에서 많은 피해를 입었습니다.

족장: 네, 그러시군요.

무명인: 자세한 이야기는 만나서 하시는 게 어떨까요?

족장: 네, 알겠습니다. 만나시지요.

며칠 후 건물을 매입하고 싶다는 사람과 첫 대면을 가졌다.

족장: 어떤 조건인지 이야기해보세요.

무명인: 제가 이 모든 상황을 잘 알고 있고, 입찰까지 했던 사람입니다.

족장: 네, 그러시군요.

무명인: 어느 정도 가격에 매도할 생각이신가요?

족장: 먼저 이야기해보세요. 저희 쪽은 급할 것이 없습니다.

무명인: 10억 원에 어떠세요?

족장: 10억 원이요?

무명인: 인도명령도 기각난 것으로 아는데 지체하지 마시고, 어떠신가요?

족장: 죄송합니다. 그 가격엔 힘들 것 같습니다.

무명인: 몇 달 만에 1억 5천만 원 이상을 이익 보시는데, 그렇게 하시죠.

족장: 그 정도 수익을 보려고 했다면 애초부터 이 물건에 입찰하지도 않았을 겁니다. 죄송합니다.

무명인: 사장님, 그러지 마시고 10억 원에 해주세요.

족장: 죄송합니다. 수고하세요.

그러고는 자리를 박차고 나오는데, 손을 잡는다.

무명인: 그러지 마시고 좀 앉아보세요.

족장: 의미 없는 자리에 있는 것은 서로 간에 시간낭비입니다. 더 이상 연락하지 말아주세요.

인도명령이 기각된 상황에서 결코 나쁜 조건은 아니었다. 하지만 우리가 생각하는 수익과는 너무나 큰 차이가 있었고, 남은 소송은 잘 해결해나갈 수 있다는 확신이 있었다. 다시 앞을 보고 달려야 했다.

항고 or 명도소송

이제 방법은 두 가지가 있다. 명도소송을 진행할 것인가, 아니면 인도명령 기각에 관한 항고를 접수하여 한 번 더 겨루어볼 것인가? 두 가지를 한 번에 접수할까도 생각했지만 그럴 경우 항고가 기각될 수도 있었다. 법원 측에서는 항고를 기각한 후 명도소송으로 다투라는 답변이 올 수도 있기에 좀 더 시간이 단축될 수 있는 항고를 하기로 결정했다.

항고의 경우 신청한다고 해서 다 받아주는 것이 아니다. 기각 당한 서류보다 더 많은 확실한 증거가 있어야만 법원 측에서 항고장을 받아준다. 인도명령에 대한 항고지만 정해진 기일이 없으며, 우리 서류는 법원에 제출되는 수많은 서류 중 하나일 뿐이다. 하루하루 시간만 보내다 드디어 날짜가 잡혔다.

일 자	내 용	결 과	공시문
2014.09.11	사건접수		
2014.09.12	상대방 ███████외1 소송위임장 제출		
2014.09.16	항고인 ██████ 소송위임장 제출		
2014.09.17	법원 ████ 추송서 제출		
2014.09.17	항고인대리인 ███████에게 과오납통지서 발송	2014.09.17 도달	
2014.10.17	항고인대리인 ███████에게 심문기일소환장 발송		
2014.10.17	상대방대리인 ███████에게 심문기일소환장/항고장부본/항고이유서부본 발송		
2014.11.05	심문기일 ███████████		

심문기일 당일 우리 세 사람과 변호사가 만나 심문하기 시작했다. 팽팽한 긴장감 속에 상대측 변호사와 우리 측 변호사가 서로 반문했다. 싸움이라는 게 그렇다. 누가 선방을 보내느냐가 싸움의 승패를 결정한다. 선방을 날리듯 우리 측 변호사가 결정적인 증거를 내밀기 시작했다.

원고: 감정평가서, 현황조사상의 사진으로 봐서는 철거 중인데 왜 계속 공사를 하셨나요?

피고: 꼭 그렇지는 않습니다.

원고: 그렇다면 현황조사서상의 집행관과 감정평가서 두 사람 전부 실수를 했다는 것입니까? 집행관이 경매 나오기 전부터 가서 사진을 찍었다는 것입니까? 이 사진을 보면 아시겠지만 경매기입등기 이후에 모든 공사는 이루어졌습니다.

판사: 피고 측은 원고 측에서 한 이야기에 대해 답변해보세요.

피고: 오늘 피고인들이 전부 참석하지 못하여, 확실한 증거가 불충분합니다. 일주일만 시간을 주신다면 피고 측의 증거자료들을 보충하도록 하겠습니다.

판사: 네, 알겠습니다.

한 마디의 발언이 재판의 결과를 좌지우지하는 순간이었다. 재판은 남이 할 때에는 수월하게 보이는데 내가 하면 그런 고난이 없다. 항고사건의 결과가 어떻게 되었는지 매일매일 확인하는 것으로 시간을 보냈다. 며칠 후 드디어 결과가 나왔다.

일 자	내 용	결 과
2014.09.11	사건접수	
2014.09.12	상대방 ▓▓▓▓▓주식회사외1 소송위임장 제출	
2014.09.16	항고인 ▓▓▓▓ 소송위임장 제출	
2014.09.17	법원 ▓▓지원 추송서 제출	
2014.09.17	항고인대리인 법무법인 ▓▓게게 과오납통지서 발송	2014.09.17 도달
2014.10.17	항고인대리인 법무법인 ▓▓에게 심문기일소환장 발송	2014.10.22 도달
2014.10.17	상대방대리인 법무법인 ▓▓에게 심문기일소환장/항고장부본/항고이유서부본 발송	2014.10.22 도달
2014.11.05	심문기일(법정 311-1호 16:00)	종결
2014.11.13	상대방대리인 법무법인 ▓▓ 준비서면 제출	
2014.11.13	항고인대리인 법무법인 ▓▓에게 준비서면부본 발송	2014.11.14 도달
2014.11.14	항고인 ▓▓▓ 열람및복사신청 제출	
2014.11.18	항고인대리인 법무법인 ▓▓ 준비서면 제출	
2014.11.18	상대방대리인 법무법인 ▓▓에게 준비서면부본 발송	2014.11.21 도달
2014.11.21	종국 : 인용	

인도명령
이후의 절차

인도명령 인용! 이겼다. 유치권자와 힘든 싸움이었지만 그래도 인용이라는 단어가 얼마나 감사한 일인지. 인용이 됐다면 이젠 바로 강제집행이다.

인도명령결정을 받은 뒤 강제집행을 하기 위해서는 인도명령결정문이 상대방에 도달해야 한다. 결정문을 받으면 원본(팩스나 사본은 안 된다)을 가지고 해당 법원에 가야 다음 일을 순차적으로 진행할 수 있다. 결정문이 송달되면 법원에서는 송달증명원과 집행문을 발급해준다. 집행문까지 받았다면 더 이상 지체할 시간이 없다. 바로 해당 법원으로 이동하여 강제집행신청을 해야 한다.

시간이 지체되면 상대측에서 재항고를 할 수도 있고 그러면 또 다시 몇 달이 더 소요될 수도 있기 때문에 하루라도 빨리 움직여야 했다.

해당법원에서 강제집행 신청을 마치고 나오는데 전화가 걸려왔다. 번호를 확인하니 일전에 건물을 매입하고 싶다 했던 사람이다. 그는 이번에도 인도명령 사건이 기각되어 매매가격이 인하되길 바랐을 것이다. 하지만 그와 반대로 인용이 되었고 유치권이 완벽하게 소멸된 상황이 된 것이다.

송 달 증 명 원

사　　　건 : ■■지방법원　2014라■■ 부동산인도명령

항 고 인 : 박■■ 외 2명

상 대 방 : ■■건설 주식회사 외 1명

증명신청인 : 항고인대리인 법무법인 이■

위 사건에 관하여 아래와 같이 송달되었음을 증명합니다.

항고인 박■■	2014. 11. 28.	결정정본 송달
항고인 김■■	2014. 11. 28.	결정정본 송달
항고인 차원희	2014. 11. 28.	결정정본 송달
상대방 ■■건설 주식회사	2014. 11. 28.	결정정본 송달
상대방 김■■	2014. 11. 28.	결정정본 송달. 끝.

2014. 12. 1.

■■지방법원

법원사무관 이 재 천

본 증명(문서번호:본안(합의) 7798)에 관하여 문의할 사항이 있으시면 031-210-1206로 문의하시기 바랍니다.

집 행 문

사　　　건 : ■■지방법원　2014라■■■ 부동산인도명령

이 정본은 상대방 ■■건설 주식회사, 상대방 김■■에 대한 강제집행을 실

시하기 위하여 항고인 박■■, 항고인 김■■, 항고인 차원회에게 각 내어

준다.

2014. 12.　1.

■■지방법원

법원사무관　　　　이 재 천　

◇ 유 의 사 항 ◇

1. 이 집행문은 판결(결정)정본과 분리하여서는 사용할 수 없습니다.
2. 집행문을 분실하여 다시 집행문을 신청한 때에는 재판장(사법보좌관)의 명령이 있어야만 이를 내어줍니다(민사집행법 제35조 제1항, 법원조직법 제54조 제2항). 이 경우 분실사유의 소명이 필요하고 비용이 소요되니 유의하시기 바랍니다.
3. 집행문을 사용한 후 다시 집행문을 신청한 때에는 재판장(사법보좌관)의 명령이 있어야만 이를 내어줍니다(민사집행법 제35조 제1항, 법원조직법 제54조 제2항). 이 경우 집행권원에 대한 사용증명원이 필요하고 비용이 소요되니 유의하시기 바랍니다.

그렇다면 지금은 전화 받을 타이밍이 아니다. 받으려다가 전화기를 다시 주머니에 넣었다. 다시 한 번 전화가 온다. 급하긴 급한가보다. 시끄럽던 전화벨이 끊기자마자 문자 한 통이 왔다. "사장님, 전화 확인하시면 연락 좀 주세요. 드릴 말씀이 있습니다." 몇 시간 뒤 다시 전화벨이 울린다.

족장: 여보세요?

무명인: 사장님, 많이 바쁘시죠? 바쁘신데 죄송합니다.

족장: 아닙니다, 말씀하세요. 무슨 일이신가요?

무명인: 건물 어떻게 하실 건가요?

족장: 그냥 완공 후 제가 평생 가지고 가려고 합니다.

무명인: 그러지 마시고 저에게 매도해주세요.

족장: 같은 말 반복하게 하지 마시구요. 금액만 말하세요.

무명인: 11억 원 드리겠습니다.

족장: 죄송합니다.

무명인: 협상 2달 만에 1억 원을 올려드렸는데, 생각해보세요.

족장: 죄송합니다. 더 이상 매도할 의사가 없습니다.

건물이 완공되면 값어치는 18억 이상 가는 물건이다. 남은 공사비용이 2~3억 원 미만이라 한다면 매도할 이유가 전혀 없었다. 상대측에서 다시 연락할 수도 있겠지만 워낙 강력하게 이야기했기에 더 이상 협상하려 들지 않을 것이다. 인도명령이 판결난 이후부터 모든 키는 낙찰자가 쥐고 있으니 어떤 제안이 오든 신념이 흔들리면 안 된다.

강제집행 앞당기기

2014.12.01	항고인대리인 법무법인 이█ 집행문및송달증명	2014.12.01 발급
2014.12.02	상대방대리인 법무법인 하█ 강제집행정지신청 제출	
2014.12.02	상대방대리인 법무법인 하█ 접수증명	
2014.12.02	상대방대리인 법무법인 하█ 재항고장 제출	
2014.12.02	상대방 █건설 주식회사외1 소송위임장 제출	
2014.12.02	상대방대리인 법무법인 하█ 접수증명	

협상과 별개로 강제집행을 신속하게 처리해야 한다. 그런데 강제집행을 신청하고 며칠 뒤 역시나 유치권자 측에서 항고를 했다. 강제집행정지신청과 함께 재항고장을 접수했다. 재항고가 받아들여진다면 이제는 대법원의 판단을 기다려야 한다. 하지만 재항고가 진행되려면 강제집행정지신청을 해야만 한다. 항고는 그냥 보험증권으로 대신하여 소액으로 공탁을 해결할 수 있지만 강제집행정지신청의 경우 대부분 현금으로 공탁금을 걸어야 한다. 과연 유치권자들이 현금공탁을 할 수 있을까? 강제집행정지의 현금공탁일 경우 낙찰가의 10% 정도 현금공탁을 해야 하는데 재항고에서 이긴다는 보장이 없으며, 공탁금을 걸어두면 낙찰자는 그 금액에 일단 가압류를 걸어둔다. 승소하게 되면 그 금액이 고스란히 낙찰자에게 돌아올 수 있기 때문에 현금공탁은 여간 어려운 일이 아니다.

그렇다고 해서 방심할 수는 없다. 대부분의 상황이 그러하다는 것이고 판결은 수시로 바뀌는 것이며 모든 일은 판사의 직권으로 결정하기 때문이다. 지금 상황에서는 강제집행을 하루라도 빨리 앞당겨 진행하는 수밖에 없다. 강제집행을 앞당기기 위해 집행관을 몇 번이고 찾아갔다. 하지만 돌아오는 대답은 기다리라는 말뿐. 시간이 없는데 어떻게 기다리기만 하겠는가. 집행관사무실에 가서 어떤 부분인지를 다시 한 번 잘 얘기했다.

고민하던 집행관은 모레 집행계고를 해준다는 확답을 주었다. 며칠 후 계고장을 붙이러 현장에 도착했다. 유치권자는 그 추운 겨울에도 공사 중인 현장을 지키고 있었다.

집행관: 오늘 계고를 했으니, 2주 후에는 집행할 수도 있습니다.

유치권자: 네, 알겠습니다.

집행관: 강제집행비용은 낙찰자가 먼저 내긴 하나, 모든 비용은 유치권자에게 청구할 수 있습니다.

유치권자: 네? 저희에게 청구가 된다고요?

집행관: 네, 그렇습니다. 그러니 좋은 선에서 합의보세요. 그게 서로에게 좋습니다. 낙찰자분도 좋은 선에서 합의보세요.

족장: 네, 알겠습니다.

집행관: 그럼 전 계고했으니 집행할 때 뵙겠습니다. 그리고 낙찰자분 이리 나와보세요. 여기 비계(건축공사 때에 높은 곳에서 일할 수 있도록 설치하는 임시가설물로, 재료운반이나 작업원의 통로 및 작업을 위한 발판)는 집행을 어떤 식으로 해야 할지 난감하네요. 유치권자들도 합의를 볼 마음이 있어 보이니, 잘 이야기해보세요.

족장: 집행관님, 전 강제집행으로 인도만 받으면 되는 상황입니다. 비계 부분은 제가 알아서 하겠습니다.

집행관: 그걸 그렇게 해도 될까요?

족장: 네, 집행관님. 안에 집기만 내어주시면 모든 마무리는 제가 알아서 할 테니 걱정 마세요.

집행관: 그래도 최대한 좋게 마무리하세요. 그게 서로에게 좋습니다.

족장: 그럼요, 집행관님. 그렇게 하겠습니다. 오늘 수고 많으셨습니다.

집행관은 자리를 비우고 유치권자와 둘만 남았다.

족장: 이렇게까지 온 것에 대해 매우 안타깝게 생각합니다.

유치권자: 어떻게 할 생각이신가요?

족장: 이건 협박이 아니니 일단 들어만 주세요. 아시다시피 현재 형사고
소 사건이 진행 중에 있습니다. 검찰에서도 연락이 왔지만 유죄로 나
올 가능성이 많아 보이며, 손해배상청구소송도 진행 중에 있습니다.
인도명령이 떨어졌으니, 법원 측에서는 저희 쪽 손을 들어줄 수밖에
없을 것입니다. 손해배상청구소송에서 승소할 경우 약 1억 원이 넘는
금액이 청구될 것입니다. 물론 강제집행비용이 추가된다면 그 비용도
전부 추가될 것이고요. 경매를 하는 입장에서 그렇게까지는 하고 싶
지 않습니다. 긴 싸움이었지만 여기서 끝내시는 게 어떤가요?

유치권자: 그냥 몸만 나가라는 건가요?

족장: 원하시는 금액이 얼마나 되시나요?

유치권자: 먼저 이야기 해주세요. 저 또한 다른 공사업자한테 이야기를
해봐야 할 사항입니다.

족장: 네, 알겠습니다. 협의할 생각이 있으시다는 말씀이니, 저도 동료들
과 이야기한 후 연락드리도록 하겠습니다.

더 추궁하기보다는 지금의 진행 사항을 자세히 이야기해주었으니, 잘
알아들었을 것이라 보고 현장에서 빠져나왔다. 다음날 유치권자에게서

전화가 왔다.

유치권자: 5천만 원 주세요. 그럼 나가겠습니다.

족장: 무리한 금액은 요구하지 말아주세요.

유치권자: 무리하긴요. 우리가 공사 진행한 것 모르세요? 엘리베이터, 새
시 등 많은 공사를 한 것은 알고 있지 않습니까? 다 떼어갈까요?

족장: 경매에는 부합물이라는 것이 있습니다. 지금 부착되어 있는 모든
것은 낙찰자의 권한입니다. 제 건물에 못 하나 박지 말아주세요. 또
떼어가는 것은 자유지만 떼어가는 즉시 재물손괴죄와 손해배상금액
이 올라갈 것입니다. 1천만 원 드리겠습니다. 생각해보시고 내일까지
연락주세요.

유치권자 측에서는 야속하게만 들렸을 것이다. 하지만 협상은 동등한
위치에 있을 때 서로의 상황을 봐가면서 하는 것이다. 지금의 유치권자
들은 협상의 여지가 없었다. 며칠 후 다시 유치권자에게서 전화가 왔다.

유치권자: 이사비도 필요 없어요. 저희 그냥 나갈게요.

족장: 그냥 빼신다는 건가요?

유치권자: 그거 받아서 뭐 하겠어요?

족장: ….

유치권자: 소송은 알아서 해주세요. 저희는 그냥 나가겠습니다.

마음이 편하지 않다. 6개월 간 싸우던 상대가 이제는 힘이 빠져 아무

런 저항조차 하지 않는다. 그들도 이렇게 될 것이라 상상이나 했겠는가.

족장: 2천만 원 드리겠습니다.

유치권자: 네?

족장: 2천만 원 드리겠습니다. 나쁘지 않을 겁니다. 인수인계만 제대로 부탁드려요. 협의를 하신다면 소송과 고소 등 모든 부분도 취하해드리겠습니다. 돈으로 사장님들의 자존심을 건들자는 것은 아니니 오해하지 말아주세요. 경매를 하면서 최소한 지켜야 할 선이 있다고 생각하기에 제시하는 것입니다.

유치권자: 네, 알겠습니다.

그렇게 유치권자들은 2천만 원을 받은 뒤 조용히 사라졌다.

아차!!

따르릉 따르릉.

족장: 냉장고랑은 어떻게 할까요?

유치권자: 그냥 쓰세요.

작은 선물까지 남겨준 고마운(?) 유치권자였다.

ps. 공사는 성공리에 끝이 났고, 월세가 꾸준히 나오는 수익형 부동산으로 탈바꿈하게 되었다.

유치권은
증거 싸움이다

유치권은 온전히 증거 싸움이다. 누가 더 많은 증거 자료를 찾아내 상대방을 확실하게 제압하느냐에 달렸다. 이 일은 실전과 판례를 잘 접목시키면 가능해진다. 앞에서 다룬 물건은 유치권이 신고된 물건이었지만 내가 왜 어떤 식으로 접근했는지, 왜 유치권이 성립되지 않는지 실전과 판례를 통해 알아보겠다.

유치권이 성립되지 않는 첫 번째 이유

대법원 2011.10.13. 선고 2011다55214 판결

[판시사항]
채무자 소유의 건물에 관하여 공사를 도급받은 수급인이 경매개시결정의 기입등기가 마처지기 전에 채무자에게서 건물의 점유를 이전받았으나 경매개시결정의 기입등기가 마처져 압류의 효력이 발생한 후에 공사를 완공하여 공사대금채권을 취득함으로써 유치권이 성립한 경우, 수급인이 유치권을 내세워 경매절차의 매수인에게 대항할 수 있는지 여부(소극)

공사업자가 경매개시결정 기입등기 전에 건물을 점유하여 공사를 시작했지만 경매개시결정 기입등기가 완료되어 압류의 효력이 발생했다면 유치권은 성립되지 않는다는 취지의 판례이다. 실제로 공사업자가 공사를 해놓아 건물 가치가 증대되었다면 낙찰자 입장에서는 좋은 일이다. 하지만 공사는 경매개시결정등기 전에 모든 일을 마무리해야 한다.

　하지만 우리의 경우 상황이 달랐다.

　위의 왼쪽 사진은 처음 경매기입등기 당시의 사진이다. 그런데 경매기입등기가 완료된 후 오른쪽 사진처럼 건물의 모습이 바뀌었다. 공사업자들은 공사를 중단하지 않고 계속 진행했던 것이다.

유치권 주장이 신의칙에 반하는 경우

채무자가 채무 초과의 상태에 이미 빠졌거나 그러한 상태가 임박함을 인지하고서도 공사를 진행했으며, 경매개시결정 기입등기가 마쳐져 충분히 경매가 진행될 것임을 알 수 있었음에도 불구하고 공사계약을 체결하여 공사를 진행하였다고 주장하고 있는 것이다.

이러한 경우 공사를 진행한 공사업자의 유치권 신고 때문에, 많은 유찰이 일어날 것이고, 유찰로 인해 소유자뿐만 아닌 최선순위 근저당권자까지 피해를 입게 된다.

법원에서는 최선순위 채권자를 보호를 할 의무도 있기에 채무초과를 인지하고도 공사를 하였다면, 실제 공사를 하였더라도 신의칙에 반하는 권리행사 또는 권리남용으로 판단을 한다.

	접수	등기목적	권리자 및 기타사항
1	90. 05. 08	소유권보전	소유자 유O남 450526-1
1	90. 05. 08	근저당권설정	338,000,000원 OOOO은행
9	95. 06. 17	근저당권설정	214,000,000원 OOOO은행
11	98. 05. 20	근저당권설정	240,000,000원 OOOO은행/송O철, 조O묵, 이O현, 유O남
4	02. 01. 18	소유권이전	소유자 원O준 500815-1
25	11. 10. 31	임의경매개시결정	201X타경15XXX OOOO은행
8	12. 02. 16	소유권이전	소유자 정O희 530823-XXXXXXX
32	12. 02. 16	근저당권설정	525,000,000원 윤O예
33	12. 02. 21	근저당권설정	255,000,000원 김O수 610823-XXXXXXX
29	12. 02. 24	강제경매개시결정	201X타경2XXX 최O자
30	12. 03. 07	25번 임의경매말소	
32	12. 03. 16	29번 강제경매말소	
39	12. 11. 27	임의경매개시결정	201X타경18XXX 윤O예
	13. 03. 20	공사 시작	이O철
	13. 05. 01	공사 시작	호O전기
	13. 05. 08	공사 시작	OO건축설비
36	13. 05. 16	근저당권설정	700,000,000원 윤O예
42	13. 06. 03	39번 임의경매말소	
	13. 06. 14	33번 근저당권이전	근저당권자 윤O예 490222-XXXXXXX
	13. 07. 20	공사 시작	OO공사
43	13. 07. 25	임의경매개시결정	201X타경12XXX OOOO은행

등기부등본과 공사 진행 현황

위 표에서 보면 공사는 2013년 3월부터 시작했다. 하지만 이미 2012년 11월 27일 경매개시결정이 되었고, 그 전에도 2012년 2월 24일 경매신청이 되어 있었음에도 불구하고 공사업자들은 공사를 계속 진행했다는 것이다. 언제든 경매로 넘어갈 수 있다는 것을 알고도 공사를 했다고 볼 수밖에 없는 부분이다.

유치권은 증거 싸움이다. 상대방 측에서 증거를 제시할 경우 우리는 그에 맞는 반박거리를 만들어야 하고 반박할 수 없다면 패소할 수밖에 없다. 때로는 증거자료를 모두 첨부하는 것이 독이 되어 돌아오는 경우가 있다. 다음은 우리 측에서 마지막에 제시한 증거 자료와 상대방 유치권자 측에서 증거로 제시한 자료이다.

유치권자들이 제시한 사진

유치권자는 7월 당시(경매기입등기 이전)에 5층 판넬 공사를 했다고 명시해두었다. 하지만 감정평가서나 현황조사서의 사진에는 그 어떤 공사 진행 흔적도 찾아볼 수 없었다.

감정평가서와 현황조사서의 사진

철거도 경매개시결정등기 이전에 끝냈다고 이야기했으나, 법원에서 현황조사를 나갔을 당시의 사진을 보면 철거 중에 있었다.

유치권자가 말하는 6월 공사 사진

유치권자는 6월까지 모든 철거공사를 끝낸 후 7월 경매기입등기 전까지 많은 공사를 했다며, 법원에 서류를 제출했다.

집행관 현황사진

하지만 위 사진을 보면 집행관이 사진을 찍으러 간 8월까지도 철거가 진행 중에 있었다. 8월까지 공사의 기초 작업인 철거를 하고 있었다고 하니, 유치권자들은 경매기입등기 이전에 철거 공사를 끝내지 못했다는 것이고, 그렇다면 채무를 이행해야 할 시기인 변제기가 도래하지 않았다는 뜻이 된다.

유치권자가 자신이 유리한 입장에 서기 위해 많은 자료를 찾아 증거로 제시해보았지만 확실한 증거가 아닐 때에는 상대방에게 약점을 보여준 셈이 되고, 그런 유치권자의 허술함(?) 덕분에 우리 일은 잘 마무리 되었다.

특수물건 낙찰 잘 받는 방법

1. 100% 확신이 들었을 때는 이미 늦다.

특수물건은 누구나 접근할 수 있다고 생각해야 한다. 내가 뭔가를 발견하고 100% 특수물건을 해결할 수 있다고 느꼈을 때 다른 누군가도 그만큼의 확신을 갖는다고 보면 된다.

선순위 임차인은 임장을 가서 확실한 증거를 확보하거나, 유치권에서 수십 가지의 요건 중 하나만 깨면 유치권은 깨진다. 확실한 히든카드 하나가 어렵다고 생각하는 물건을 거짓말처럼 풀어주곤 한다. 10가지의 요건 중 10가지를 다 채우고 가려 하면 이미 늦다. 확신이 들었을 때에는 좀더 빨리 입찰 타이밍을 잡는 것이 좋다.

2. 해당 물건의 이해관계를 파악하라.

경매는 상식적으로 접근하는 것이 좋다. 특수물건일수록 기본에 충실하여, 상식적으로 접근하면 의외로 쉽게 풀리는 경우가 많다. 아파트 인테리어의 경우, 내가 정말 그 집에 산다면 큰 비용을 들여 인테리어를 했을까 생각하면 된다. 전세나 월세 세입자인데 2천만 원을 들여 공사를 했다? 100명 중 1~2명이 그럴 수도 있겠지만 대부분인 98%는 그러지 않는다. 이해관계를 잘 파악하고 상식적으로 접근할 때에 문제는 의외로 쉽게 풀린다.

3. 남들보다 일찍 조사에 나서야 한다.

경매인들이 많이 접근하는 유치권이나 선순위 임차인인 경우 많은 사람이 찾아가 이것저것 물어본다. 한번은 유치권 물건지에 찾아가 유치권자와 이야기를 나누는 도중 유치권자가 슬그머니 빠져나가 빨간색으로 '유치권 행사 중'이라고 써서 사방에 도배하는 것을 보았다. 법을 잘모르는 유치권자들도 많은 사람들이 찾아가서 여러 가지 질문을 던지면눈치를 채고 대응하기 마련이다. 위장임차인도 처음에는 모르쇠로 일관하다가 많은 사람들이 오가다보면 진성 임차인인 것처럼 거짓말(?)도 많이 는다. 상대방이 허위유치권, 위장임차인이라고 의심되는 경우 남들보다 빨리 조사하는 것이 중요하다.

4. 판례와 경매는 한 세트이다.

판례를 보라고 하면 사람들은 먼저 부담부터 느낀다. 하지만 경매를 하는 사람에게 판례는 선택이 아닌 필수이다. 특수물건을 다룰 때에는 더욱그렇다. 힘들더라도 하루에 판례 하나씩, 그것도 힘들다면 일주일에 판례하나씩만 꾸준히 공부해도 경매 실력이 엄청나게 늘어날 것이다.

5. 주특기가 있어야 한다.

내가 운동을 하던 시절에는 똑같은 기술을 매일 반복, 또 반복해서 연습했다. 하루에 몇 백 개에서 몇 천 개까지 계속 반복하면서 기술연마를 했다. 그렇게 하다보면 어느 순간 그 기술은 내 것이 되었다. 내 몸에 맞는 기술이 되어 상대방을 위협하게 된다. 경매도 그렇다. 특수물건 중 내가 잘하는 한 분야를 확실하게 파고들어야 한다. 법정지상권, 유치권, 선순위 임차인 등 전부를 잘 하려고 하지 말고 한 가지만이라도 확실하게 파고들어 내 것으로 만드는 것이 중요하다.

9장

이기고 시작하는
NPL

매도하기 쉬운
채권을 골라라

부동산경매를 한다면 꼭 알아야 하는 것이 바로 NPL(부실채권)이다. NPL이란 불완전하고 불확실한 채권으로 대개 부실채권이라고 부른다. 그런데 사람들은 NPL이든 경매든 너무 낯설고 두려운 수단으로 여겨 접근을 꺼린다. 하지만 어떤 일이든 두려워하고 피하다보면 남들보다 뒤쳐질 수밖에 없다.

나는 남들이 가지 않는 길을 개척해나가고 도전하면서 더 많은 수익을 거두었다. NPL에 대한 지식이 많아서 쉽게 도전한 것은 아니다. 무슨 일이든 그 일에 대한 위험요소를 최대한 줄이고 자신감을 갖고 접근하면 된다. 그러면서 손해만 안 보면 된다는 생각으로 시작하면 두려움이나 압박감이 줄어든다. NPL이 어떤 것인지 알아보면서 NPL에 대한 두려움을 떨쳐보자.

어떤 일이든 본격적인 게임을 하기 전 기본적인 구조는 알아야 한다. NPL은 은행의 근저당 채권 중에서 3개월 이상 이자를 연체하고 있는 채권이다. 은행은 각 지점마다 대출을 해줄 수 있는 한도가 정해져 있다. 만약 은행 측에서 정해진 금액을 전부 대출해주었다면 그 은행에서는 더 이상

대출해줄 수 없게 된다. 또한 대출을 받은 채무자들이 이자를 잘 납부한다면 문제가 안 될 수도 있겠지만 그렇지 못할 경우 은행은 곤란한 상황이 된다. 그때는 근저당 채권을 울며 겨자 먹기로 채권금액보다 더 저렴한 가격에 유동화회사에 넘기게 된다.

유동화회사는 그 채권을 인수하여 배당을 받든지 아니면 투자자들에게 채권을 매도하는 것이다. 그렇다고 유동화회사에서 엄청 저렴하게 채권을 매입해오는 것은 아니다. 채권금액으로 여러 가지 물건을 인수하기에 채권회수가 가능한 것도 있지만, 유동화회사 측에서 손해를 보고 매입하는 경우도 있다. 유동화 측에서는 좋은 물건, 마음에 드는 물건만 가지고 올 수 없기에 대량으로 구매를 한다. 그대로 표현하자면 입맛대로 고를 수 있는 것이 아니라 무조건 세트로 구입해야 한다는 것이다. 그리고 최종적으로 배당을 받든지, 아니면 낙찰 되기 전이라도 경매 투자자들과 흥정을 하여 채권을 넘기곤 한다.

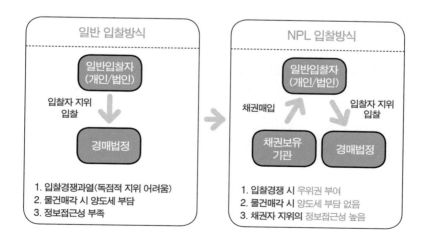

남들이 하지 않을 물건 검색

NPL에 대한 관심이 생기면서 관련 사건을 검색하기 시작했다. NPL 물건 검색은 대법원 홈페이지에서는 조금 힘이 들지만 유료사이트에서는 어렵지 않게 접할 수 있다. 먼저 NPL에 관한 물건을 검색하면 임야, 대지, 밭, 논, 공장, 아파트, 주거용 건물 등 정말 많은 물건들이 등장한다. 토지나 공장 같은 경우 NPL로 매입하는 것이 주거용보다 쉬운 편이다. 하지만 토지나 공장의 경우 매도가 쉬운 일이 아니어서 풀어가기가 조금은 까다로울 수 있다.

나는 주로 주거용 물건들을 살펴보았다. 하지만 연락을 자주 해도 주거용은 채권을 매도하지 않는단다. 이유는 토지나 공장보다는 안전한 채권일 뿐 아니라 낙찰가가 높기 때문에 채권손해를 보는 일이 거의 없다는 것이다. 그래서 NPL을 매입하려면 이 또한 남들이 관심을 갖지 않는 물건을 검색해야 한다.

그러던 어느 날 한 아파트가 눈에 들어왔다. 서울 중심가에 있는 아파트, 그런데 3회나 유찰이 되었다. 왜일까? 서울의 중심에 있는 아파트가 어떤 이유로 이렇게 유찰이 많이 되었을까? 아무리 찾아봐도 특별하게 권리분석상 문제는 보이지 않았다.

유동화회사(AMC)와 친해지기

AMC는 쉽게 말해 부동산이나 기타 채권을 사들여 관리와 매각을 하는 사람이라고 생각하면 된다. 엄밀하게 말하면 조금 다르겠지만, 이 정도로만 이해해도 된다. 물건을 살펴본 후 AMC에게 전화를 걸었다.

족장: 안녕하세요.

AMC: 네, 안녕하세요.

족장: 혹시 2013타경XXXXX 물건 혹시 문제가 있나요? 많이 유찰됐던 데요.

AMC: 아뇨. 특별한 문제가 없어 보이는데, 유찰이 많이 됐더라구요.

족장: 제가 봐도 문제가 없어 보이는데, 혹시 채권매입 가능할까요?

AMC: 채권매입이요? 음….

족장: 네, 대형평수 아파트라 낙찰이 안 되는 것 같습니다.

AMC: 검토 후에 연락드리겠습니다.

아파트인데 유동화 측에서 관심을 보이는 데에는 다른 이유는 없었다.

10	2013년 2분기	2013-06-11 ~ 2013-06-20	148.3	1	58,500	1999
9	2013년 1분기	2013-03-11 ~ 2013-03-20	148.3	26	56,000	1999
8	2012년 2분기	2012-05-01 ~ 2012-05-10	148.3	22	64,900	1999
7	2011년 3분기	2011-08-21 ~ 2011-08-31	148.3	8	58,700	1999
6	2011년 2분기	2011-04-21 ~ 2011-04-30	148.3	17	69,000	1999
5	2011년 1분기	2011-03-11 ~ 2011-03-20	148.3	14	57,000	1999
4	2009년 3분기	2009-07-01 ~ 2009-07-10	148.3	18	67,000	1999
3	2009년 2분기	2009-05-11 ~ 2009-05-20	148.3	26	67,000	1999
2	2009년 1분기	2009-03-21 ~ 2009-03-31	148.3	10	61,000	1999

대형평수라 그런지 2013년 2분기, 즉 2013년 6월 이후로는 거래가 전혀 없었다. 그러다보니 NPL 측에서도 낙찰가 산정이 어려웠는데 3차까지 오게 되니 상당히 난감해하고 있는 상황이었다. 통화했던 관계자에게서 연락이 왔다.

AMC: 안녕하세요. 채권매입하실 생각이 있으신가요?

족장: 그럼요, 가격만 적당하다면 매입하겠습니다.

AMC: 그러시다면 가격을 먼저 제시해주셔야 합니다. 저희 쪽에서 가격을 먼저 제시하기엔 부담스럽습니다.

족장: 저는 5억 4천만 원에 매입을 하고 싶습니다. 2차 유찰가격이 5억 4천4백만 원이니 그 정도 가격에 매입을 하면 안 될까요?

AMC: 그 정도 가격이면 괜찮은 것 같습니다. 결제승인을 받은 후 연락 드리도록 하겠습니다.

족장: 네, 감사합니다.

며칠 후 약속을 잡고 AMC를 만났다.

AMC: 저, 죄송하지만 채권매도를 못할 것 같습니다.

족장: 무슨 이야기신지?

AMC: 오늘 유치권이 들어왔습니다.

족장: 네? 유치권이요?

AMC: 네, 유치권이 들어온 상태에서는 채권을 매도하는 것이 상당히 부담스럽습니다.

족장: 유치권은 걱정하지 마세요. 제가 처리하겠습니다.

AMC: 네? 유치권 금액이 만만치 않던데요?

족장: 걱정하지 마세요. 유치권은 제가 전문이니까 제가 알아서 모두 처리하도록 하겠습니다.

AMC: 그러시다면 저희 쪽에서는 정말 감사한 일입니다.

족장: 걱정하시지 마시구요. 오늘 계약은 그대로 진행하도록 하시지요.

AMC: 알겠습니다. 그럼 그렇게 진행하도록 하겠습니다.

낙찰도 쉽고
매도도 쉽다

채권을 5억 4천만 원에 매입했으나 내가 쏠 수 있는 낙찰금액은 5억 4천만 원이 아니었다. 내가 낙찰가로 쏠 수 있는 금액은 얼마일까? 내가 최고로 쏠 수 있는 금액은 6억 원이 넘는 금액이었다. (채권 최고액만큼 낙찰가를 적어낼 수 있다.) 5억 4천만 원으로 6억 원이 넘는 채권을 구매한 것이다. 이렇게 되면 내가 입찰할 수 있는 금액이 6억 원이 넘어도 상관이 없다. 어차피 채권자 측에서 배당을 받아가는 것이고 나머지 금액은 배당을 받은 후 유동화 측에서 내게 보내주기 때문이다. 하지만 낙찰가격은 5억 9천9백만 원으로 정하였다. 6억 원이 넘어가면 취득세를 많이 부담해야 하기에 가격은 5억 9천9백만 원이 면 적당하다고 판단했다. (6억 원 이하일 경우 취득세가 1%인데, 6억 원이 넘어갈 경우 취득세가 2%가 된다.)

오늘은 이기는 패를 들고 법원으로 향했다. 포커게임을 할 때에도 포카드를 가지고 있으면 상대방이 아무리 많은 배팅을 하더라도 주눅들지 않는다. NPL을 매입했을 때에는 포커게임에서 마치 포카드를 손에 들고 법원에 들어가는 기분이다. 근저당 채권금액이 충분하기에 오직 채권을 매입한 나만 급매가, 아니 거래가보다 높은 금액을 쓸 수 있는 것이다. 만약 채권금액이 적을 경우 어쩔 수 없지만 근저당 채권금액이 충분하여 약 88%에 입찰가격을 적어낸 것이다. 64%까지 유찰된 상황에서 88%를 쓴다는 것은 그 누구도 상상하지 못했을 것이다. 드디어 입찰물건의 낙찰자가 호명되기 시작했다. 2013타경XXXXX 최고가 낙찰자는 599,900,000원을 쓰신 ○○○ 축하드립니다. 주위에서 웅성웅성대기 시작한다. 이 물건에 함께 입찰했던 사람들이 나를 이상한 눈으로 쳐다본다. 영수증을 들고 나오는데 급매로 사지 왜 경매를 해! 저런 사람들 때문에 경매 낙찰가가 올라가는 거야 등등, 많은 시기와 질투의 소리가 들린다. 나는 아랑곳하지 않고 조용히 법원을 빠져나왔다.

2013타경 ●서울남부지방법원 본원 ●매각기일 : 2014.02.19(水) (10:00) ●경매 10계 (전화:02-2192-1340)							
소재지	서울특별시 구로구 신도림동			도로명주소검색			
물건종별	아파트	감정가	680,000,000원	오늘조회: 2 2주누적: 1 2주평균: 0 조회동향			
				구분	입찰기일	최저매각가격	결과
대지권	41.917㎡(12.68평)	최저가	(64%) 435,200,000원	1차	2013-12-04	680,000,000원	유찰
				2차	2014-01-15	544,000,000원	유찰
건물면적	148.296㎡(44.86평)	보증금	(10%) 43,520,000원	3차	2014-02-19	435,200,000원	
				낙찰 : 599,900,000원 (88.22%)			
매각물건	토지·건물 일괄매각	소유자	한	(입찰14명,낙찰:영등포구 장 / 2등입찰가 536,000,010원)			
개시결정	2013-07-15	채무자	한	매각결정기일 : 2014.02.26 - 매각허가결정			
				대금지급기한 : 2014.04.25			
사건명	임의경매	채권자	은행	대금납부 2014.03.28 / 배당기일 2014.05.08			
				배당종결 2014.05.08			

낙찰 받은 즉시 소유자를 만나러 목적지로 향하였다. 소유자는 다행히 집에 있었고 초인종을 누르니 조용히 나왔다.

소유자: 사업을 하다가 안 좋은 일이 있어 이런 상황이 되었습니다. 사

정 좀 봐주세요.

족장: 오늘 이렇게 찾아뵌 것은 향후 계획이 어떠한지 여쭤보러 왔습니다.

소유자: 아직 가족들은 모르는 상황입니다. 시간을 주시면 제가 알아보
도록 하겠습니다.

족장: 그러시다면 이사를 할 곳은 정해두셨나요?

소유자: 어디를 알아보고 할 정신도 없고 보증금도 없어 힘든 상황입니다.

족장: 그러시군요. 그렇다면 제가 잔금납부를 20일 뒤에 할 테니 이사할
곳을 알아보신 후에 이사 해주셨으면 좋겠습니다.

소유자: 이사비를 준다고 들었는데 그건 안 주시나요?

족장: 따로 이사비가 정해진 것은 없습니다.

소유자: 젊은 양반이 그러지 마시고 좀 생각해주세요.

족장: 만약 20일 뒤에 바로 이사를 하신다면, 이사에 소요되는 실무 비용
은 드리도록 하겠습니다.

소유자: 일단 알겠습니다. 최대한 맞춰서 이사를 하도록 하겠습니다.

족장: 알겠습니다. 감사합니다.

소유자랑 이야기를 했다고는 하나 법원 서류 열람은 기본이다. 열람을
하던 중, 기발한 아이디어가 떠올랐다. 이 물건에 입찰했던 14명 중에서
만약 2등이 이 아파트에 거주 목적을 둔 실수요자라면 매도가 가능할 것
이라 생각했다. 2등 입찰자에게 바로 전화를 걸었다.

족장: 안녕하세요.

입찰자: 누구세요?

족장: 어제 아파트 입찰하신 ○○○ 씨 되십니까?

입찰자: 네, 누구신가요?

족장: 저는 낙찰자 족장이라고 합니다.

입찰자: 그런데요?

족장: 다름 아니고요. 아파트 입찰하실 때 혹시 실거주 목적으로 입찰을 하신 건가요?

입찰자: 네, 짜증 나 죽겠어요. 컨설팅에 의뢰를 했는데 낙찰도 못 받아주고, 꼭 받고 싶었는데 말이죠. 근데 너무 높게 받아가신 거 아니에요? 집이 그렇게 좋아요?

족장: 아닙니다. 제가 매도를 하려고 하는데요. 생각 있으세요?

입찰자: 저한테 다시 사라구요? 싫어요. 낙찰을 너무 높게 받으셔서 싫어요. 6억 이상 드려야 하잖아요.

족장: 5억 6천만 원에 드리겠습니다.

입찰자: 6억 6천만 원이요? 무슨 소리예요. 싫어요.

족장: 5억 6천만 원이요.

입찰자: 무슨 소리 하시는 거예요? 5억 9천9백만 원에 받아놓고는 나한테 장난치는 것도 아니고.

족장: 일을 하다보니 그렇게 됐네요. 5억 6천만 원에 매수하시겠어요?

입찰자: 명도가 힘들어서 그러시는 거예요?

족장: 명도는 제가 전부 처리하도록 하겠습니다. 사장님께서는 그냥 들어오시면 됩니다.

입찰자: 정말요? 그럼 생각해보고 내일 연락드릴게요.

현재 아파트 거래가 없긴 하지만 매매가격은 5억 8천만 원 정도 형성되어 있었다. 2등을 한 입찰자에게 결코 나쁜 조건이 아니었다.

다음날.

입찰자: 근데 정말 5억 6천만 원에 매도하시는 거예요?

족장: 네, 그렇습니다.

입찰자: 그럼 집을 언제까지 비워주실 수 있으세요?

족장: 6월 30일까지 명도하도록 하겠습니다.

입찰자: 네, 그럼 계약금 걸어놓을게요. 다른 곳에 팔지 마세요.

족장: 계약금은 300만 원만 주셔도 됩니다.

입찰자: 그럼 잔금 치르는 날 나머지 돈을 드리도록 하겠습니다.

족장: 그렇게 하세요.

매도는 정말 쉽게 마무리되었다. 그렇다면 이제 남은 것은 명도. 점유자도 말이 안 통하는 사람이 아닌 것 같고 쉽게 끝나는 듯했다.

점유자의 버티기와 낙찰자의 방어

갑자기 생각지도 못한 상황에서 뒤통수를 맞게 되었다.

대출을 알아보던 중 대출해주시는 분께서 소유자가 이 사건에 대해 항고장을 접수했다고 알려주는 것이다.

2014.03.03	채무자겸소유자 ▦ 항고장 제출

항고장이라…. 만약 매수자가 없었다면 큰 문제는 안 될 것 같은데 매수자가 있는 상황이라면 이야기가 달라진다. 항고 내용 열람 결과 특별한 내용은 없었다(초보자분들은 항고가 들어오면 큰일이 난 것처럼 생각할 수 있다. 항고라는 것은 점유자가 법원에 어떤 할 말이 있다는 것이고 그것이 받아들여지기 위해서는 공탁금을 걸어야 하는데 공탁금이 낙찰대금의 10%이기 때문에 실제로 항고를 하긴 어려우며 대부분 시간 끌기 용으로 많이 한다). 나는 곧바로 반론서를 제출했다.

2014.03.04	최고가매수신고인 채무자의항고장제출에대한낙찰자의반론서 제출

항고는 별 내용이 없으므로 받아들여지지 않았으나, 점유자는 서류를

한 번 만에 받아보는 경우가 없다.

2014.03.05	채무자겸소유자	보정명령등본 발송		2014.03.12 폐문부재
2014.03.17	채무자겸소유자	보정명령등본 발송		2014.03.18 도달
2014.03.27	채무자겸소유자	결정정본 발송		2014.04.04 폐문부재
2014.03.28	채무자겸소유자	배당기일통지서 발송		2014.04.04 폐문부재

일부러 조금이라도 더 버티기 위해서인 것 같았다. 매각허가 결정기일이 떨어지고 꼬박 한 달이라는 시간이 흘렀다. 대금납부 기간이 정해졌고 즉시 대금납부를 했다. 낙찰자 입장에서는 여간 머리가 아픈 게 아니었다. 분명 이사를 간다던 점유자는 갑자기 전화도 받지 않는다. 이런 식으로 돌변을 하면 어떻게 해야 하는 건가?

점유자에게 마지막 연락을 했다. "항고장은 기각되었습니다. 계속 피하신다면 강제집행 신청하겠습니다."

소유자에게서 전화가 왔다.

소유자: 강제집행만은 하지 말아주세요.

족장: 충분한 시간을 드렸다고 생각합니다. 이사를 하신다면서 항고서
　　　를 내셨구요.

소유자: 조금이라도 더 버텨보고자 그랬습니다.

족장: 인도명령이 떨어지는 대로 바로 강제집행 신청하겠습니다. 그렇게
　　　된다면 모든 비용을 청구할 것입니다.

소유자: 제가 어떻게 해야 하나요?

족장: 언제까지 이사를 하실 수 있으실까요?

소유자: 한 달 안에 이사를 하도록 하겠습니다.

족장: 이번 약속이 이행된다면 이사비를 지급하겠습니다. 정말 마지막입니다.

소유자: 알겠습니다.

족장: 법원에서 서류는 지속적으로 갈 것이니 너무 불편해하지 마세요.

소유자: 알겠습니다.

다른 물건 수익에도 도움을 주는 NPL

소유자에게 전화가 왔다. 생각보다 일찍 나가게 될 것 같다고, 이사를 조금 앞당겨도 괜찮으냐고 하더니, 다음날 오후 이사를 갔다. 소유자 이사일로부터 며칠 후 좋은 가격에 매도를 했다.

NPL 부실채권을 샀을 때 또 하나의 장점은 양도세 혜택을 받을 수 있다는 것이다. 내가 실제로 NPL을 구매한 가격은 5억 4천만 원이다. 하지만 낙찰을 받은 금액은 5억 9천9백만 원이다. 겉으로 드러나는 금액은 5억 4천만 원이 아닌 5억 9천9백만 원이다. 양도차익은 시세차익이 있을 경우 내는 세금인데 나는 오히려 마이너스 3천9백만 원이 났기 때문에 양도세를 낼 필요가 전혀 없었다. 또 하나, 마이너스가 난 금액은 같은 해에 매도하는 다른 물건의 이익과 상계할 수 있게 된다. 따라서 많은 양도차익이 예상되는 물건을 소유하고 있을 경우에도 매우 유용한 투자방법이 되는 것이다.

NPL은 AMC와 협상이 중요하다

　NPL은 몇 년 전만 해도 거래하기가 힘들지 않았다. 그런데 요즘처럼 거래가 힘든 것은 낙찰가가 올라가면서 채권회수가 거의 가능해졌고 그러다보니 유동화회사에서 채권매도를 잘 하지 않으려 하는 것이다. 그야말로 시골 땅이나 특수물건이 아닌 이상 거래를 하지 않으려고 한다. 그러니 부실채권팀에서 좋은 물건을 받아오기 위해서는 평소 AMC와 관계 유지가 중요하다(각 AMC마다 보유하고 있는 물건이 많다).

　AMC들은 하루에 수십 통의 전화를 받고 상담을 해주는데, 매입을 할 것 같이 해놓고 계약 직전에 안 하는 사람들이 있다. 그렇게 되지 않으려면 AMC에게 신뢰를 심어주어야 한다. AMC에게 신뢰를 주기 위해서는 지속적으로 연락하는 방법도 있겠지만, 나 같은 경우 이렇게 해서 신뢰를 쌓았다. 처음에 내가 채권매입 의사를 밝혔을 때 AMC 측에서도 판매할 생각이 있다며 흔쾌히 수락했었다. 그렇게 해서 임장을 갔는데 생각했던 것보다 너무 안 좋았다. 그때 그냥 매입을 하지 않겠다고 하지 않고 채권매입을 못하는 이유를 보고서 형식으로 작성하여 AMC에게 전달했다. AMC 측에서는 황당해하면서도 자신도 몰랐던 정보를 주어 고맙다고 인사를 했다. 이런 인연으로 내가 AMC 기억 속에 남았고, 그러다보니 특수물건이나 괜찮은 물건이 있으면 먼저 귀띔을 해주는 경우가 생겼다. 내게 필요한 사람과 관계를 맺고 잘 유지하기 위해서는 반대로 그 사람에게 어떤 사람이 필요할지 생각해보면 답이 금방 나온다. 모든 일이 그렇지만 특히 NPL 매입은 마음으로 다가갈 때 더 좋은 결과가 나온다.

족장

NPL을 활용하여 낙찰 잘 받는 방법

1. 평소 AMC와 친분을 만들어라.

NPL 물건은 법원에서 낙찰 받아 가져오는 것이 아닌 AMC에게 내가 원하는 금액을 제시하여 가져오는 것이다. 그렇기 때문에 평소 AMC들과 친분을 쌓는 것이 중요하다. 나는 가끔 AMC에게 물건을 추천받기도 한다. 대부분 어려운 특수물건이 많다. 만약 AMC에게 소개받은 물건이 너무 안 좋을 경우 입찰하기보다 조사를 많이 해서 보고서를 작성하여 이메일로 발송, 또는 전화로 물건에 대해 자세히 설명해준다. 왜 유찰이 많이 되었는지, 왜 입찰하지 않는지를 조목조목 설명해주면, 다음에 좋은 물건이 나왔을 때 내게 맡길 확률이 높아진다.

2. 투자금을 최소한으로 줄일 수 있다.

NPL은 저렴한 가격에 채권을 매수하는 것이다. 그래서 낙찰가가 아닌 채권액만큼 경매 입찰을 할 수가 있다. 예를 들어 10억 원짜리 채권을 7억 원(론세일)에 매입했다고 하자. 그러면 나는 7억 원에 입찰하는 것이 아니라 10억 원에 입찰한 후 배당을 받거나 상계처리 할 수 있다. 10억 원의 80%를 대출받으면 오히려 1억 원의 투자금이 생기기도 한다. (론세일: 채권을 매수하여 채권자명을 자신의 명의로 바꾸는 것)

3. 아파트 NPL, 거래가 없는 곳을 공략하라.

많은 투자자들이 NPL로는 아파트 거래가 안 된다고 생각한다. 아파트는 거래가 안 되는 것이 아니라 AMC에서 물건을 잘 내놓지 않는 것이다. 주된 이유는 가격대가 맞지 않기 때문이다. 그래서 나는 아파트의 경우 평소 거래가 없는 곳을 공략한다. 거래가 없다는 것은 AMC들도 가격 선정이 어렵다는 의미다. 그런 부분을 공략하면 좀 더 낮은 가격에 아파트 부실채권을 매입할 기회가 생긴다.

4. NPL 매입 후 함께 참여했던 입찰자에게 매도하라.

아파트 같은 경우 실수요자들이 입찰을 많이 하는 편이다. 따라서 투자자 입장에서 입찰을 할 경우 실수요자들을 이기기는 여간 힘든 것이 아니다. 하지만 NPL로 채권매입을 했을 때에는 실수요자들보다 높은 가격으로 낙찰 받을 수 있다. 낙찰을 받은 뒤 실수요자라고 생각하는 사람에게 전화를 걸어 매도하는 전략은 매우 유효하다. 예를 들어 아파트 감정가가 3억 원이다. 내가 NPL을 산 가격이 2억 5천만 원, 채권최고액이 3억 원이 되어 3억 원에 낙찰을 받았다. 낙찰을 받고난 뒤 사건열람을 하면 입찰한 사람들의 전체 입찰표를 볼 수 있다. 아파트는 입찰가를 약 90% 이상 쓰는 경우도 많기에 그 중 가장 높게 쓴 사람에게 연락한 후 매도하면 된다.

10장

또 하나의
블루오션
아파트형공장

고수를 그대로 따라한다고
똑같은 수익을 거둘 수 없다

경매시장에서 누군가가 다른 유형의 물건을 낙찰 받아 많은 수익을 거뒀다는 소식을 접하면, 대개 그 물건과 비슷한 것을 찾기 위해 노력을 한다. 하지만 그와 같은 물건을 찾기란 어려울뿐더러 찾았다고 한들 원하는 수익을 내는 것은 녹록지 않다.

2000년대 고철 값이 하늘 높은지 모르고 오르던 시절이 있었다. 누군가 감정가 40억 원짜리 선박을 5억 원에 낙찰을 받았다. 낙찰된 선박은 몇 해 동안 운행조차 하지 않아서 수리도 불가한 상태로, 덩치가 커서 무겁기만 하고 전혀 쓸모가 없다고 판단이 되는 선박이었다. 많은 이들이 무엇 때문에 낙찰을 받았는지 궁금해했지만 낙찰자는 승자의 미소를 지으며 법정에서 유유히 사라졌다고 한다. 그리고 몇 년 뒤 알게 된 사실, 낙찰자는 중국의 고철업체와 매매계약을 체결하고 선박을 고물로 전부 매도했다. 고철의 가치는 총 30억 원 수준이었다고 한다.

위 사례는 실제로 있었던 일이다. 누구도 거들떠보지 않던 선박을 낙찰 받아 새로운 가치를 매겨 매도하니 어마어마한 이득이 된 성공사례가 된 것이다. 경매투자를 하다보면 이처럼 한 면만 봤을 때는 별로지만 역으로 생각해보면 기회가 되는 경우가 종종 있다.

매입, 매도가 가능한 아파트형공장

아파트형공장? 일반인들에게는 생소한 물건이다. 아파트형공장이란 쉽게 풀이하자면, 오피스텔과 공장을 혼합하여 사용하는 곳이라 생각하면 쉽다. 아파트형공장 내에서는 제조업을 할 수 있고 일반 사무실로 쓰기도 한다. 이는 우리나라뿐 아니라 홍콩, 싱가포르 등 공업용지가 부족한 국가에서 활성화되어 있는 공장 형태다. 2010년부터는 아파트형공장이라는 명칭에서 지식산업센터라고 변경된 곳이 많은데 실제 공장용도(제조업)보다는 많은 사람들이 IT 관련 사업을 하면서 업무용 사무실로 사용하기 때문에 지식산업센터라고 명칭을 바꾸어 말한다.

그런데 아파트형공장에는 치명적인 단점이 하나 있다. 일반인들에게는 공급이 제한되어 있다는 것이다. 실제 아파트형공장은 직접 공장을 운영할 사람에게만 분양하도록 제도화되어 있다.

공급을 제한하는 주된 이유는 부동산투자자가 아닌 실제로 사업을 할 사업자에게 혜택을 주기 위해서다. 그래서 최초 분양을 받은 사람에게는 취득세 50% 감면, 재산세 감면 등 많은 혜택들이 있다. 사업을 하고 싶은데 자금이 부족한 영세업자들에게 아파트형공장은 큰 도움이 된다.

반면에 일반인에게는 '그림의 떡'이라는 표현이 어울릴 듯하다.

앞에서 언급한 아파트형공장은 구로디지털단지나 가산디지털단지 등 일반적인 임대가 제한되어 있는 곳을 이야기하는 것이다. 안양지역의 아파트형공장 같은 경우 일반인들에게도 분양이 가능하고 임대수익을 올릴 수 있도록 되어 있다.

그런데 이 제도를 조금 더 깊게 파헤쳐보면 아파트형공장은 일반인들에게 임대규제를 한 것이지 매입이나 매도를 규제한 것은 아니라는 것을 알 수 있다. 즉, 규제대로 한다면 낙찰을 받아 임대는 힘들어도 매도는 가능하다는 것이다.

아파트형공장은 아파트와 비슷하게 적정 매도가격이 형성되어 있다. 일반상가와는 달리 매매가격의 편차가 심하지 않은 것이 특징이다. 그래서 시세 조사 또한 아파트처럼 비교적 수월하게 할 수 있다. 이러한 점을 최대한 활용하기로 마음먹고 아파트형공장에 도전하게 되었다.

대형평수를 쪼개어 매도하기

그런데 최근 소형평수의 아파트형공장도 낙찰가격이 많이 올라 투자가 쉽지 않은 편이다. 소형평수 몇 개에 입찰을 해보았지만 낙찰 받는 게 힘들었다. 그래서 생각한 것이 대형평수 아파트형공장을 낙찰 받아 쪼개서 매도하는 방법이었다.

아파트형공장은 각각 호수가 지정되어 있기 때문에 따로 매도를 하는 것에 크게 문제가 될 것이 없다. 그래서 큰 평수를 낙찰 받아 하나씩 매도를 하는 방향으로 물건검색을 하였다.

물건검색을 하던 중 내가 생각했던 사이즈의 물건을 발견했다.

여러 칸으로 나뉘어 있었으며, 한 업체가 매수를 할 수 있게끔 차례대로 호수가 이어져 있었다.

< 호 별 배 치 도 >

NO SCALE

경매로 매각되는 평수를 합해보니 약 280평이 넘는 대형평수이다. 이정도 규모의 회사라면, 어떤 업종의 회사인지 알아보는 것은 어렵지 않다. 검색을 통해 해당 업체의 기사나 회사 정보를 알아보았다.

███라이프, 폐암진단키트 이용한 새로운 진단서비스 선보여

서울--(뉴스와이어) 2013년 03월 25일 -- 체외진단용 의약품 제조기업인 주식회사 ███라이프 (대표 문███)는 폐암의 진단력 강화를 위해 기존의 폐암진단키트인 '바로덱엘 래피드 테스트'에서 양성으로 판정될 경우 추가적으로 정량검사를 무료로 제공한다고 밝혔다. 정량 검사란, 혈액 내에 존재하는 종양표지자의 농도를 수치로 정확히 알아볼 수 있는 검사법이다.

인터넷으로 검색을 해보니 의료진단용 소모품을 개발하는 기업으로 보였다. 아파트형공장 내부가 일반사무실이 아닌 연구실로 세팅되어 있다

는 것을 확인할 수 있었다. 사무실 용도보다 복잡한 케이스지만, 많은 이들이 선호하는 위치에 있었기에 과감하게 입찰을 하기로 마음을 먹었다.

전날 침대에 누워 낙찰금액을 산정하는데 얼마를 적어야 할지 도통 감이 오지 않았다. 왜냐하면 이렇게 물건의 사이즈가 클 경우 1등과 2등의 낙찰가가 차이가 클 가능성이 크다.

경매를 하다보면 항상 딜레마에 빠진다. 낙찰을 받고 싶은 마음이 있는 반면 2등과 아슬아슬한 차이로 받아야 한다는 압박감도 있어 과감한 베팅을 하는 게 쉽지 않다. 이런 경우 2등과 낙찰가가 많이 차이 나더라도, 그 차이에 집착하지 않고 거둬들인 수익을 생각하며 마인드 컨트롤을 해야 한다.

2013타경 ▓▓▓ • 서울남부지방법원 본원 • 매각기일 : 2014.10.29(水) (10:00) • 경매 10계(전화:02-2192-1340)

소재지	서울특별시 구로구 구로동 ▓▓			도로명주소검색			
새 주 소	서울특별시 구로구 디지털로 ▓▓						
물건종별	아파트형공장	감 정 가	1,497,000,000원	오늘조회: 1 2주누적: 1 2주평균: 0 조회동향			
				구분	입찰기일	최저매각가격	결과
대 지 권	147.84㎡(44.722평)	최 저 가	(80%) 1,197,600,000원	1차	2014-07-08	1,149,000,000원	유찰
					2014-08-12	919,200,000원	변경
건물면적	571.13㎡(172.767평)	보 증 금	(10%) 119,760,000원	2차	2014-09-23	1,497,000,000원	유찰
				3차	2014-10-29	1,197,600,000원	
매각물건	토지·건물 일괄매각	소 유 자	(주)▓▓라이프	낙찰 : 1,330,000,000원 (88.84%)			
				(입찰2명,낙찰:인천시 차원회외2 / 2등입찰가 1,284,199,000원)			
개시결정	2013-11-18	채 무 자	(주)디▓▓	매각결정기일 : 2014.11.05 - 매각허가결정			
				대금지급기한 : 2014.12.11			
사 건 명	임의경매	채 권 자	▓▓은행	대금납부 2014.12.11 / 배당기일 2014.12.30			
				배당종결 2014.12.30			

매도 가능한 금액을 산정하여 적정선에 입찰을 하였고, 결과는 2등을 기분 좋은 가격으로 제치고 낙찰을 받았다.

낙찰가 10억 원이 넘는
물건은 대출이 힘들다

기분 좋게 낙찰을 받은 뒤 바로 알아본 것은 대출이었다. 아파트형공장의 경우 사업성이 좋고 매입과 매도가 잘 이루어지기 때문에 대출이 잘 나오는 편이다. 그런데 이번 물건은 분명 내가 원하는 금액의 대출이 나올 것이라 생각하고 대출을 알아보던 중 생각지도 못한 부분에서 막히기 시작했다.

족장: 지점장님, 이번에 낙찰 받은 아파트형공장이 있는데요. 대출 좀 알아봐주시겠어요?

지점장: 네, 감사합니다. 사건번호와 대출받고자 하시는 금액을 말씀해 주세요.

족장: 2013타경xxxxx입니다.

지점장: 대출을 하시고자 하는 금액이 얼마나 되나요?

족장: 낙찰금액이 크다보니 얼마나 되는지 모르겠네요. 잘 좀 뽑아주세요.

지점장: 낙찰금액이 얼마나 되나요?

족장: 13억이 조금 넘습니다.

지점장: 네? 13억이요?

족장: 무슨 문제가 되나요?

지점장: 입찰하시기 전에 저랑 상의를 하셨나요?

족장: 아니요. 대출에 대해서 문제가 생긴 적이 없고, 물건에 특별히 유치
권이라든지 특수한 사항이 없어 상의를 하지 않고 낙찰 받았습니다.

지점장: 10억이 넘어가면 은행지점장이 판단을 할 수 없습니다. 물론 은
행마다 다르지만 저희 은행의 경우 10억이 넘어가면 본사 심의를 거
친 후 대출을 해드릴 수 있습니다.

족장: 그럼 대출이 안 될 수도 있나요?

지점장: 그건 아닌데 절차가 조금 더 복잡하다는 거죠. 최대한 대출이 얼
마인지 알아보도록 하겠습니다.

족장: 네, 감사합니다.

낙찰가가 10억 원이 넘는 경우 대출에 문제가 있을 것이라는 생각은 전
혀 하지 못하고 너무나 안일하게 생각을 하였다.

은행마다 다르겠지만 5~10억 원이 넘는 경우 대부분은 지점장이 아닌 본사 승인
이 이뤄져야 대출이 가능하다. 그래서 10억 원 이상의 물건은 일반 물건이라도 항
상 대출을 확인 후 입찰하는 것이 좋다.

신용등급도 문제가 없으며, 기존의 소득을 따져보았을 때 전혀 문제될
것이 없다고 생각한 것이 큰 오산이었다. 다행이 기존의 거래은행에서 신

용도가 좋아 원하는 만큼 대출을 받긴 하였으나, 이 물건 이후로 입찰금액
이 10억 원이 넘는 경우 신중하게 생각하는 습관이 생겼다.

소유자가 잠적했으면
점유자와 협상하라

잔금납부를 한 뒤 소유자를 찾기 위해 법원문서에 기재된 곳으로 연락을 해보았지만, 소유자와 연결이 되지 않았다. 알고 보니 소유자는 직원들의 임금을 주지 못해 잠적한 상태였다. 소유자가 잠적을 하니 공장 안에 있는 집기는 어떤 식으로 치워야 할지가 상당히 난처해졌다. 최악의 경우 강제집행을 해야 할 텐데, 무엇보다 소유자를 하루빨리 찾아내는 것이 우선이었다.

때마침 낙찰 받은 관리사무소에서 전화가 왔다.

관리사무소: 낙찰자 되시죠?

족장 : 네, 그렇습니다.

관리사무소: 관리비는 어떻게 해주실 건가요?

족장: 지금 현재 소유자랑 연락이 안 되어서 저도 고민 중입니다.

관리사무소: 소유자는 없어도 지금 다른 분들이 그곳을 지키는 것으로 알고 있는데요?

족장: 네? 다른 분들이 지켜요? 누가 거길 지키나요?

관리사무소: 예전에 소유자에게 투자를 했던 투자자라고 하던데 자세한 것을 모르겠습니다.

족장: 그분들 지금 가면 있나요?

관리사무소: 네, 있습니다. 오늘 공장 안에 집기들 동산경매가 있어서요.

족장: 네, 알겠습니다. 감사합니다.

바로 낙찰 받은 물건지로 향했다.

현장에 가보니 때 마침 안에 있는 일부의 장비들에 관해 유체동산경매가 진행 중이어서 쉽게 들어갈 수 있었다.

족장: 여기 문은 누가 열어주었나요?

직원: 제가 열어주었는데요? 왜 그러시나요?

족장: 네? 아닙니다. 일단 집행관님들 가시면 말씀드리겠습니다.

동산경매가 끝난 뒤 직원과 이야기를 나누었다.

족장: 여기 소유자가 누구인가요? 연락되시나요?

직원: 아니요. 저희가 월급을 받지 못해 점유하고 있는 것입니다.

족장: 누구의 허락하에 점유를 하고 계신가요?

직원: 저희 대표님께서 여기를 관리하십니다.

족장: 대표님이라 하시면 여기 소유자인가요?

직원: 아닙니다. 저희 회사는 여기에 투자를 했던 곳입니다.

족장: 그렇다면 이곳의 대표자님도 이곳의 소유자가 아니며, 단지 투자

자네요.

직원: 네, 저는 그렇게 알고 있습니다.

족장: 네, 알겠습니다.

경매는 상황에 따라 빠른 판단을 해야 한다. 경매를 하면서 제일 중요한 것은 해당 물건지를 누가 점유하는가에 따라 달라진다. 소유자가 점유를 하고 있는지, 임차인이 점유를 하고 있는지, 현재 시건장치의 열쇠는 누가 가지고 있는지에 따라 달라진다. 이 물건을 처리하기 위해서는 소유자를 만나든 아니면 현재 이곳을 감독하고 있는 사람을 만나든 누군가와 협상을 이끌어내야만 했다.

족장: 참, 직원 분은 이제 가시면 됩니다.

직원: 무슨 말씀이세요? 이제 저도 가봐야 하니 나가주세요.

족장: 이곳은 제가 낙찰을 받아 잔금을 납부한 소유자입니다. 제 물건입니다.

직원: 소유자라고 해서 이렇게 막무가내로 하시면 되는 겁니까?

족장: 내가 당신이 누군지 알고 이곳의 키를 맡기나요? 여기 소모품이 없어진다면 소유주는 제 3자인 직원 분에게 청구를 하는 게 아니라, 낙찰자에게 모든 책임을 물릴 것입니다. 그러니 키 두고 나가주세요. 여기 남아 있는 집기들도 투자자 것이라는 전 소유자의 동의서를 받아 오시면 드리도록 하겠습니다. 전 남아 있는 물건들을 보관할 자격도 갖추고 있습니다. 제 공장의 키를 아무에게나 맡길 수 없습니다.

직원: 말도 안 되는 소리 하지 마세요.

족장: 열쇠공 불러두었으니 바로 오셔서 키를 교체할 것입니다.

직원: 잠깐 기다리세요.

직원은 급하게 나가더니 대표이사라는 사람에게 전화를 걸었다.
조금의 시간이 흐른 뒤 대표이사라는 사람이 올라왔다.
팽팽한 신경전이 벌어졌다.

대표이사: 지금 뭐하시는 겁니까?

족장: 뭐가요? 대체 누구신데 여길 관리하시나요?

대표이사: 전 이 회사에 투자를 했던 사람입니다.

족장: 그것은 알겠는데 투자자가 왜 여기 키를 가지고 사용수익을 하시
　　　나요?

대표이사: 사용수익하기는 누가 사용수익을 한다는 말이에요? 돈을 받지
　　　못해 이거라도 어떻게 해볼까 하는데 무슨 소리예요?

족장: 이 공장의 소유는 경매로 변경되었습니다. 더 이상 전 소유자의 물
　　　건이 아니라는 것이지요. 혹시나 여기에 무슨 문제가 발생하게 된다
　　　면 잘못된 일의 모든 화살은 저에게 날아오게 되어 있습니다. 누군지
　　　도 모르는 사람에게 키를 드릴 수 없습니다. 나가주세요!

대표이사: 무슨 소리야! 여기 지금 임대차계약이 되어 있어!(갑자기 말이
　　　짧아진다.)

족장: 무슨 임대차가 있다는 건가요? 현황조사서 보시면 아시겠지만 소
　　　유자 점유입니다. 이상한 말 하지 마세요.

대표이사: 인도명령이 떨어지지도 않았는데 이런 게 어딨어?

족장: 인도명령 떨어졌습니다. 확인해보세요.

대표이사라는 사람은 이 모든 상황을 예상이라도 한듯 큰소리를 친다.

대표이사: 몇 달 전에 임대차를 쓰고 임차를 하는 사람이 있어. 그 사람에게도 인도명령을 받아왔어? 아니면 나가!

아뿔사! 순간 해머로 뒤통수를 맞은 느낌이 들었다. 주거형 물건의 경우 간혹 이러한 경우가 있긴 하나 상가나 아파트형공장인 경우 이러한 상황이 굉장히 드물기 때문이다.

현 점유자들은 경매의 습성에 대해서 잘 알고 있고, 버티다가 강제집행이 진행될 경우를 대비해 다른 임대차계약서를 써두어 강제집행을 연기시키기 위한 또 다른 준비를 하고 있었다. 생각지도 못한 변수가 발생하기는 했지만 대표이사의 연락처와 점유자를 알아냈기에 또 다른 수확이라 생각을 하고 작전상(?) 후퇴를 하였다.

현황조사서는
좋은 증거 자료다

이 경우 제일 먼저 해야 할 일은 강제집행신청이었다. 현재 임대차계약
은 1개의 호수만 되어 있었고 2개의 호수에는 임대차계약이 되어 있지 않
았다. 먼저 2개의 호수에만 강제집행신청을 하였다.

약 2주 뒤 강제집행계고를 하기 위해 현장에 가보았다.

본 부동산(서울시 구로구 구로디지털로 ■■■, ■■■, ■■■호) 내에 있는 기계설비, 실험장비류 및 사무집기 등에
대해서 (주)디■■■의 소유 및 점유였으나 2014년 12월 20
일자로 당사와 채권, 채무 관계에 있는 제3자에게 점유이전
및 포괄 양도되었음을 알리며, 본 출입문을 무단으로 개폐
하여 상기 물건의 점유침탈 및 권리행사 방해가 있을 경우
에는 민형사상의 법적조치를 취할 것임을 알립니다.
✿ 본 안내문을 훼손한 자는 민형사상 고발조치 하겠음.

점유자백
(주) 디■■■

집행관의 표정이 굳기 시작하였다. 지금 다른 사람이 점유를 하고 있다
면 문을 강제 개문하고 들어가면 안 되기 때문이다. 집행관이 머뭇거리는
것을 보니 집행계고조차 안 될 것 같다는 생각이 들었다.

족장: 집행관님, 무슨 문제가 있나요?

집행관: 점유가 다른 사람에게 이전되었다면 강제개문을 할 수 없습니다.

족장: 집행관님, 이것 좀 보십시오. (그때 재빠르게 미리 출력해둔 매각물건명세서와 현황조사서를 꺼냈다.)

■ 조사일시
2013년 11월 28일 13시 47분

■ 임대차정보

번호	소재지
1	서울특별시 구로구 디지털로
2	서울특별시 구로구 디지털로
3	서울특별시 구로구 디지털로

■ 점유관계

소재지	1. 서울특별시 구로구 디지털로
점유관계	채무자(소유자)점유
기타	소유자가 전부 점유 사용하고 있으며 임대차 없음.
소재지	2. 서울특별시 구로구 디지털로
점유관계	채무자(소유자)점유
기타	소유자가 전부 점유 사용하고 있으며 임대차 없음.
소재지	3. 서울특별시 구로구 디지털로
점유관계	채무자(소유자)점유
기타	소유자가 전부 점유 사용하고 있으며 임대차 없음.

2013년 11월 28일에 그 당시 집행관사무실에서 현장조사를 한 내용입니다. 여기 기재된 것을 보면 임대차관계가 전혀 없으며, 모든 물건에 관해 채무자(소유자) 점유라고 분명히 명시되어 있습니다. 이 사람들이 실제로 임대차계약서를 작성했다고 할지라도 경매기입등기 이후에 썼을 것이며, 지금 보시면 아시겠지만 영업조차 하지 않는 곳입니다. 낙찰자에게 과도한 이사비를 받기 위해 이렇게 했다는 것을 집행관님도 잘 아시지 않습니까? 일단은 계고라도 부탁드리겠습니다.

집행관: 그럼 일단은 나머지 호수에 대해서는 계고장을 붙이고 가도록

하겠습니다.

족장: 네, 감사합니다.

일단 계고가 붙었다는 것은 상대방 측을 충분히 압박할 수 있는 수단이 된다. 계고를 하고난 뒤 대표이사라는 사람에게 계고장과 함께 문자 메시지를 전송하였다. 평소에는 전화도 안 받고 문자에 대한 답도 없던 사람이 문자 메시지가 전송이 되자마자 바로 전화가 온다.

대표이사: 이게 뭔가요?

족장: 뭐가 뭔가요?

대표이사: 지금 보낸 이 문자가 뭐냐고 물어보잖아요.

족장: 보시면 아시겠지만 계고했고요. 집행날짜가 곧 잡힐 것 같습니다.

대표이사: 지금 안에 있는 기기가 얼마짜린데 당신들 마음대로 옮긴다는

　　거야?(흥분하니 또 다시 반말을 내뱉기 시작한다.)

족장: 그 분야 이삿짐 전문가를 제가 섭외(?)해놓았습니다. 걱정하지 마

　　세요. 마지막으로 집행하기 전에 여쭈어볼 것이 있습니다. 집기를 가

　　지고 다른 곳으로 이사할 생각은 없으신가요?

대표이사: 이사? 이사비 얼마나 줄 건데?

족장: 1천만 원 드리겠습니다.

대표이사: 이게 주택 이사하는 것도 아니고 1천만 원? 장난해? 난 못 해!

족장: 네, 그럼 그렇게 하세요. 아까 집행관사무실에서 확인했는데 강제

　　집행을 하더라도 1천만 원이면 충분하다고 하셔서 말씀드린 겁니다.

　　그럼 수고하세요.

강한 어조로 이야기를 하였다. 협상의 테이블에서 내가 우위를 점하고 있기 때문에 전혀 끌려갈 이유가 없기 때문이다. 1주일의 시간이 지났을까 대표이사라는 사람에게 연락이 왔다.

대표이사 : 3천만 원 주실 수 있나요?

족장: 제가 지급할 수 있는 금액은 1천만 원이라고 분명히 말씀드렸습니다.

대표이사: 지금 직원들 급여도 못 주고 있습니다. 조금만 더 생각해주세요.

족장: 처음부터 그랬다면 아마 더 많은 이사비를 드렸을 것입니다. 하지만 사장님께서는 낙찰자의 약점만을 이용해 기간을 최대한 끌어 내셨고, 저희는 금융비용이라든지 여러 가지 면으로 많은 피해를 입었습니다. 죄송합니다.

대표이사: 네, 알겠습니다. 그럼 1천만 원 주세요.

족장: 네, 그렇다면 합의서 작성하시면 제가 강제집행정지신청을 하도록 하겠습니다.

대표이사 : 네, 알겠습니다.

합 의 서

주식회사 ▨▨▨ 대표이사와 임직원은 다음 목적물을 낙찰자에게 2015년 /월 7/일한 명도하고 퇴거할것임을 합의한다.

제1조 (이사비용등)

낙찰자는 이사비용등으로 금▨▨▨원정을 주식회사 ▨▨에게 지급하고 이중 금▨▨▨원정은 합의일자에 약정금으로 지급하고 잔액은 이사당일날 이삿집 반출완료시 지급한다.

제2조(관리비등처리)

관리비등은 특별승계인이 관련 법률에 따라 부담한다.

제3조(강제집행)

합의서의 명기일에 목적물을 명도하지 아니하면 낙찰인은 즉시 강제집행하여도 주식회사 ▨▨▨ 및 ▨▨의 이해관계자들은 이의제기를 하지 아니한다.

특약사항 : 공산설비는 현상태로 유익관계 낙찰자에게 명도한다

2015.01.22.

위   낙 찰 자 대표 박▨▨

위 주식회사 ▨▨▨

    대표이사 ▨▨

    대리인 ▨▨ ▨▨▨

다음날 만나 합의서를 작성하였고, 강제집행 대신 이사비를 지급하며 마지막엔 대표이사와 웃으며 헤어질 수 있었다. 현재 이 아파트형공장은 좋은 주인을 만나기 위해서 꽃단장 인테리어 공사 중에 있으며, 하루에도 몇 통씩 매도문의 전화가 온다.

많은 사람들이 좋은 투자처를 찾으면서도 막상 투자를 하라고 하면 굉장히 소극적으로 바뀌곤 한다. 그리고 경매투자자 중 고수익이라 하면 일반물건이 아닌 특수물건으로 눈을 돌리는데, 이러한 사람들의 최대 단점은 특수물건 또한 끈기 있게 하지 못하고 잠시 기웃(?)거리다 자신의 분야가 아니라 생각하고 금세 포기를 한다는 것이다. 특수물건만이 많은 수익을 남기고 일반물건은 너무나 대중화되어 있어서 낙찰받기 힘들다는 사람을 많이 만났다. 그런 사람들에게 묻고 싶다. 왜 대중화된 특수물건을 보고 푸념하는지. 어떤 케이스든 그 투자비법이 대중화된 물건이면 낙찰가가 올라가는 것은 당연한 이치다.

따라서 대중들이 미처 관심 갖지 못하고 있고, 쉬운 물건이면서 수익을 낼 수 있는 그런 틈새를 찾아낼 줄 알아야 하고, 그 틈새를 찾았다면 과감하게 베팅할 수 있어야 한다.

경매는 정말 여러 가지 분야로 접근하고 접목시킬 수 있다. 주거용, 상업용, 토지, 선박, 차량, 하물며 양식장까지 없는 게 없는 종합선물세트이다. 남들보다 조금은 다른 시선에서 남들이 조금은 꺼려할 수도 있는 물건을 찾아 투자를 하는 것이 성공적인 투자를 할 수 있는 지름길이다.

아파트형공장 낙찰 잘 받는 방법

1. 교통이 편리한 곳에 위치해야 매도가 잘 된다.

아파트형공장이 아닌 어떤 물건이든 당연한 이야기이지만, 아파트형공
장은 많은 직장인들이 다니는 곳으로 지하철역이 가까운 곳이어야만 매
도가 수월하다.

2. 매수자들이 선호하는 지하철 노선을 공략하라.

그런데 지하철 역세권이라고 해서 무조건 선호하는 것은 아니다. 서울
같은 경우 아파트형공장이 집중되어 있는 곳이 좋은데 바로 구로, 가산, 독
산역이 그런 곳이다. 제일 선호하는 곳은 2호선 라인의 구로디지털역, 그
리고 더블역세권인 가산역, 다음이 1호선 라인의 독산역이다.

3. 기존에 어떠한 업종이 영업했었는지 파악한 후 입찰해야 한다.

아파트형공장은 사무실로 이용하는 경우도 많고, 그곳에서 제조업을 하
는 경우도 많다. 그런데 낙찰 후 명도하러 갔을 때에 현재 점유자가 제조
업을 하고 있으면 난감한 상황이 되기도 한다. 일반사무실인 경우 집기만
빼 가면 되지만 제조업일 경우 공장의 기계가 엄청난 고가인 경우가 많으
며, 그것을 옮기는 것 또한 비용이 상당히 많이 들어 생각지 못한 지출을
하게 될 수도 있다.

4. 아파트형공장의 관리비 체크는 필수사항이다.

아파트형공장의 경우 관리비는 확실하게 체크를 해야 한다. 다른 아파트나 상가도 마찬가지겠지만 아파트형공장은 주거용과는 다르게 관리비가 많이 나오며, 장기간 연체되어 있는 곳이 많이 있다. 적게는 몇 백만 원부터 많게는 몇 천만 원까지 연체되어 있기에 입찰 전에 확실하게 조사를 해야 한다.

11장

명도 끝내기

점유자를
직접 만나라

　부동산경매에 있어서 초보자들이 제일 꺼리는 것은 명도이다. 꺼려지는 이유 중 하나는 직접 사람들을 만나는 일이기도 하고 혹시나 점유자들이 해코지하는 게 아닐까 하는 걱정을 하기 때문이다. 내가 생각하는 명도는 그렇지 않다. 명도는 상대방을 진심으로 대하면 자연스럽게 해결되는 일이다. 소유자든 임차인이든 대부분의 점유자들은 낙찰자가 부동산경매로 낙찰을 받은 것이지 그밖의 경매사건에 대해서는 관련이 없다는 것을 잘 알고 있다.

　또 점유자가 원하는 것은 단지 두 가지 경우다. 조금 더 살기를 원하거나 이사비를 원하는 정도다. 이런 부분은 점유자와 낙찰자가 충분히 이야기를 하여 풀어나갈 수 있다.

　명도를 할 때에는 점유자를 피하기보다 직접 만나거나 전화 통화를 하여 이야기를 나누는 것이 중요하다. 점유자가 누군지도 모르는 상황에서 지레 겁부터 먹을 필요가 없다. 1부터 10까지의 명도 과정이 있다면 하나씩 차근차근 하다보면 어느새 10까지 가 있을 것이다. 간혹 무리하게 요구하는 점유자를 만났을 때, 이야기가 안 되고 비협조적으로 나올 때, 법의 테두리 안에서 해결하면 된다. 법대로라면 강제집행이 먼저 떠오르는데 이것은 여러 방법 중 하나이니 가능한 점유자와 잘 합의하여 마지막에는 악수라도 할 수 있는 사이가 되는 것이 좋다.

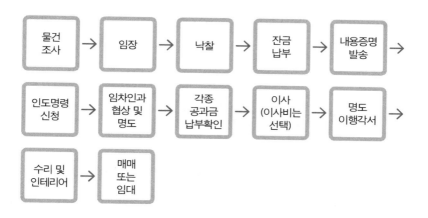

임차인 유형별 명도

경매 이후 월세를 안 내고 사는 세입자

월세로 살고 있는 세입자를 명도할 때 난감한 일이 자주 발생한다. 월세 세입자가 밀린 월세를 내지 않고 무상으로 거주하였고, 이에 대해 경매의 다른 채권자들이 배당이의를 하는 경우다. 더군다나 소유자가 도망을 가고 연락이 되지 않아 월세를 주지 않았다는데 어떻게 이야기를 해야 할지 애매하다. 낙찰자 입장에서는 그 모든 비용까지 수용하면 좋겠지만, 월세와 관리비는 세입자가 납부했어야 한다. 경매가 임차인에게 무단거주를 할 수 있는 권한을 부여한 것이 아니기 때문이다. 임차인 입장에서는 보증금을 전부 받을 수 없다는 생각에 월세를 내지 않은 것이고, 그 모든 사항을 알고 있는 기존의 채권자 측에서는 배당받을 때 그만큼의 월세를 공제할 것을 요구할 것이다.

이렇게 되면 세입자는 그간 내지 않은 월세를 감면받은 뒤 배당이 될 확률이 높다. 예를 들어 보증금 2천만 원에 월세 20만 원의 세입자가 있다고 하자. 이럴 경우 경매개시결정 이후로부터 10개월 뒤에 낙찰이 되었다면

200만 원을 제외한 1,800만 원이 배당될 확률이 높다. (채권은행 측에서 못 받은 채권을 회수하기 위해 "소액 월세감면"을 한 후 배당을 하게 한다.)

인도명령을 받고도 연락 안 되는 임차인

인도명령을 받아보았는데 아무런 행동도 안 하는 임차인들이 있다. 이런 경우 내용증명이나 문자로 통보한 후 강제집행을 신청하는 것이 좋다. 언제 연락이 오나 하며 하루하루 기다리는 것보다는 강제집행신청을 하여 집행관과 함께 물건지에 찾아가는 것이 훨씬 효율적이다. 많은 사람들이 일단은 기다려보자는 생각으로 기다리는데, 속이 편한 낙찰자이면 모를까 하루하루 이자가 빠져나가며 비용이 소요되는데 기다리기만 할 수는 없다.

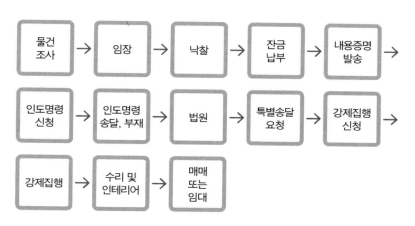

인도명령을 안 받는 임차인

인도명령결정문을 발송했는데 받아보지 않는 사람이 있다. 일부러 안 받는지 낮에 사람이 없는지 알 수가 없다. 송달이 되지 않는다면 인도명령결정문이 떨어졌다고 해도 낙찰자가 뭔가 취할 행동이 없다. 송달이 되지 않았다는 것은 크게 세 가지 경우가 있다. 점유자가 다른 곳으로 이사를 해 집을 비워두었거나, 일부러 받지 않거나, 직장 때문에 낮에 사람이 없는 것이다. 이런 경우 법원에 "공시송달"을 요청해야지만 다음 진행을 할 수가 있다.

TIP 공시송달이란 당사자의 주거불명 등의 사유로 소송서류를 전달하기 어려운 경우, 법원에서 따로 송달서류를 보관하고 그 사유를 법원 게시판 및 신문 등에 일정기간 동안 게시함으로써 송달한 것과 똑같은 효력을 발생시키는 송달.

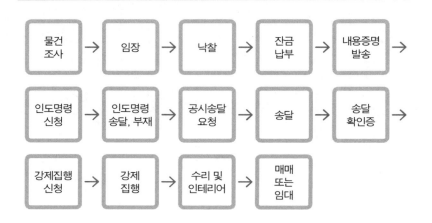

물건조사 → 임장 → 낙찰 → 잔금납부 → 내용증명발송 →

인도명령신청 → 인도명령송달, 부재 → 공시송달요청 → 송달 → 송달확인증 →

강제집행신청 → 강제집행 → 수리 및 인테리어 → 매매 또는 임대

이사비를 먼저 달라는 임차인

이사비를 주는 문제에 정해진 룰은 없다. 낙찰자 입장에서 시세보다 저렴하게 낙찰을 받았으니, 보증금을 받아가지 못하는 임차인일 경우 인정상 이사비를 주는 것이지 법으로 정해진 것은 아니다. 빠른 협의를 위해서 이사비를 제시하는 경우가 종종 있는데, 그럴 경우 나는 여러 가지 조건을 내건다. 예를 들어 한 달 이내에 이사를 할 경우 50만 원, 기한 후 이사를 할 경우 이사비 없음. 이런 식으로 선을 긋고 협상을 하는 것이 낙찰자 편에서는 한결 수월하다(이사비는 정해진 금액이 없으니 강제집행과 기타 이자비용 등을 계산하여 제시하면 된다).

임차인 중 다음 달에 이사를 갈 테니 방을 구할 수 있게 이사비를 먼저 달라고 하는 경우가 있다. 이런 경우 돈을 먼저 주어도 되는가 아니면 나중에 주어야 하는가 하는 문제로 갈등이 생긴다. 어떻게 해야 하는가? 내 생각에는 돈은 절대 먼저 주면 안 된다. 사람마다 생각이 다르겠지만 돈을 먼저 받고 막상 이삿날이 되었을 때 핑계를 대며 나가지 못한다고 하면 어쩌겠는가? 가서 강제로 끌어낼 수 있는가? 그렇게 못한다. 결국 점유자에게 끌려다니는 상황이 돼버린다. 약속을 잘 지키는 사람은 드물다. 그러니 실제에서는 이삿짐을 내리고 열쇠를 받은 뒤 관리비나 가스비 등을 정산한 후에 이사비를 건네주는 것이, 낙찰자 입장에서 깔끔하고 그나마 좋은 얼굴로 헤어질 수 있다.

인도를 할 수 없는 임차인

① 2년간 인도 불가

임대주택법의 적용을 받는 부도 공공건설 임대주택의 매수인은 임대주택의 입주자 모집 공고에서 정한 임대의무기간 동안 임차인에게 인도를 요구할 수 없다. 단, 잔여임대기간이 2년 미만인 경우에는 최소 2년간 임대하여야 한다. (임대주택법 제25조 제1항)

단, 임차인이 매수인으로부터 종전 임대조건으로 임대차계약을 제안받고 이를 거부할 경우 인도가 가능하다. (대법원 2011.9.8선고2011다54판결 건물명도 등)

② 3년간 인도 불가

부도 공공건설 임대주택 임차인 보호를 위한 특별법(보금자리주택)에 의하면, 부도임대주택을 주택매입사업시행자 외의 자가 매입한 경우, 부도임대주택의 임차인에게 3년의 범위 내에서 종전에 임차인과 임대사업자가 약정한 임대조건으로 임대해야 한다. (부도 공공건설 임대주택 임차인 보호를 위한 특별법 제10조4항)

③ 임차인 우선매수권

부도임대주택의 임차인은 임대주택법의 경매에 관한 특례규정(임대주택법 제22조)에 따라 우선매수권을 행사할 수 있다.

남은 짐과 잠긴 문

　이삿짐을 다 빼지 않는 임차인이 있다. 명도 시 대부분은 이삿짐을 다 뺀 것을 확인 후 명도확인서와 이사비를 전달하지만, 이사비도 필요 없다며 그냥 이사를 가는 사람이 있다. 이럴 경우 아무도 모르게 조용히 이사를 가면서 꼭 물건을 하나씩 남겨두고(?) 간다. 아무리 버리고 간 물건이라도 임의로 처분하면 안 된다. 그보다는 임차인과 연락을 하여 남은 물품 처분에 대해 합의를 하는 것이 좋다. 만약 나중에 임차인이 버리고 간 물건이 아니라고 할 경우 상당히 난처한 상황이 벌어질 수 있다. 관리사무소 직원을 대동해 치우는 경우가 많은데 이러면 문제가 된다. 임차인에게 남은 짐을 처분한다고 문자를 보내거나 집행관에게 이야기해 강제집행을 신청하는 것이 좋다.

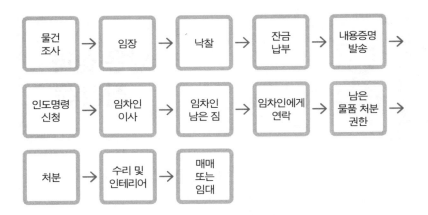

낙찰을 받고 갔는데 빈집이다. 이럴 경우 어떤 방법이 있는지 알아보자.

1) 관리사무소에 전기나 가스 등의 사용 여부를 확인한다. (전기나 가스비가 기본요금만 나온다면 사람이 살고 있지 않을 확률이 높다.) 법원서류를 열람하여 점유자의 연락처나 거주지를 알아보고 연락한다. 점유자와 연락을 한 후 이사 등을 협의한다.

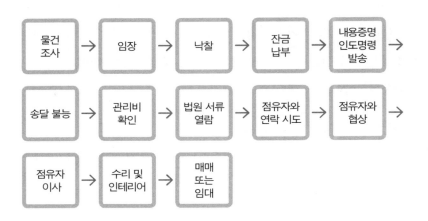

2) 바로 강제집행을 신청하는 방법이 있다. 무슨 일이든 순리대로 하는 것이 머리도 아프지 않고 자연스럽게 해결하는 법이다. 집행하기 전 집행관에게 아무도 없는 집이라고 이야기를 하면 좀더 빠른 집행을 할 수 있다.

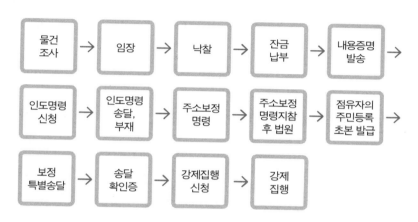

인터넷에 올라온 글을 보면, 아무도 없는 집은 그냥 문을 열고 들어가도 된다는 식의 답변이 많다. 하지만 강제개문하고 들어간다는 것은 엄청나게 위험한 일이다. 아무도 없는 집에 들어가서 아무 일이 없을 수도 있으나, 갑자기 임차인이라든지 소유자가 찾아와 없어진 물건이 있다며 신고를 하면 당혹스러운 일이 벌어질 수도 있기 때문이다.

물건번호가 많거나 점유자가 여럿일 경우

일괄매각인 경우 경매가 진행되는 물건들이 모두 낙찰되고 매각대금이 납부되어야 배당기일이 정해진다. 대부분 배당기일이 잡혀야만 인도명령이 떨어지는데, 물건번호가 여러 개인 물건을 낙찰 받을 경우, 모든 물건의 잔금납부가 끝나지 않은 이상 배당기일이 잡히지 않는다. 이런 경우 명도하는 데 상당한 어려움을 겪는다. 점유자는 돈을 받아야 나간다고 하고 낙찰자는 하루 빨리 명도를 해야 한다. 시일이 오래 걸릴 것이라는 판단이 들 경우, 부당이득반환청구소송과 명도소송을 함께 진행하여 점유자를 압박하는 것도 한 가지 방법이다.

낙찰을 받고 가면 점유자가 여럿인 경우가 있다. 점유자가 많다보니 서로 뭉쳐 낙찰자를 힘들게 하기도 한다. 하지만 이들은 돈으로 뭉쳐진 조직(?)이지 끈끈한 정으로 뭉친 사람들은 아니다. 이 중에는 보증금을 전액 받는 사람, 보증금을 받지 못하는 사람, 미리 집을 구한 사람 등 여러 부류의 사람들이 있을 것이다. 이런 경우 일단은 인도명령 → 강제집행 순으로 절차를 밟아가며, 보증금을 받아가지 못하는 사람과 받아가는 사람을 나누어 흥정을 시작한다. 한 사람만 해결되더라도 오합지졸로 바뀌는 경우가 많다.

점유자의 동산에
압류가 되어 있을 경우

　낙찰 받은 뒤 명도를 위해 찾아갔으나 소유자나 임차인이 아닌 소유자의 먼 친척이 거주 중이다. 소유자는 빚쟁이들에게 압박을 받은 나머지 집에 들어오지 않은 지가 꽤 되었다고 한다. 여러 가지 사연을 듣고 집 안을 살펴보는데 세탁기, 냉장고, TV, 책상 등에 압류 딱지가 붙어 있다. 소유자는 연락 자체가 안 되는데 어떻게 해야 할까?

1) 압류된 물건의 압류 번호를 확인 후 집행관사무소에 가서 압류채권자를 확인한다. 압류채권자에게 처리를 요구하고 동산경매로 처리하여 채권회수를 하든지 압류를 풀어달라는 요청서를 보낸다. 만약 채권자 측에서 안 풀어주면, 압류물품을 임의로 방치하면서 재산상 피해를 주기 때문에 손해배상청구를 하겠다고 압박하면 매끄럽게 풀어나갈 수 있다.

2) 압류권자도 기피를 할 경우 집행관사무소에 이야기하여 압류물건 보관장소 이전신청을 한다. 보관장소는 집행관의 허락하에 제3의 장소

로 정한다(보관료는 매수자가 부담한다). 동산압류 채권자에게 손해배상의 내용증명을 보낸 뒤 손해배상청구소송을 한다.

유체동산의 경우 채권자가 누군지 알아내는 것이 중요한데 채무자가 거주할 경우 채무자를 통해 인적사항 등을 알아낼 수 있다. 채무자가 없을 경우 낙찰자가 알아내려면 인도명령이 떨어진 이후에나 알 수 있다. 그제야 낙찰자는 이해관계인이 되어 유체동산 압류사건을 열람할 수 있다. 압류는 3개월이 지나도록 압류권자가 처분하지 않으면 집행관 직권으로 압류취하를 한다. 너무 걱정할 필요는 없을 것이다. 대부분의 경매물건은 시효가 지난 상태여서 취소된 상태가 많다.

꿈은 이루는 것이다

책을 쓰면서 예전의 기억을 되돌아보는 시간을 가졌다. 운동을 그만두고 나와 경매라는 생소한 분야를 공부하기 시작했고, 아는 사람이라고는 하나 없는 낯선 서울이라는 도시에서 홀로서기를 했다. 남의 집 한 평 남짓한 방에서 시작했던 내가 이제는 아파트, 상가, 건물, 공장을 소유하게 되었고, 경매책까지 집필하고 있으니 참으로 놀라운 일이 아닐 수 없다.

책을 쓰면서 전달하고자 하는 메시지는 딱 하나다. 하고 싶은 일이 있으면 주저 말고 도전하라는 것이다. 운동만 하던 내가 경매를 알게 되었지만 만약 도전조차 하지 않았다면 바뀌는 것은 전혀 없었을 것이다. 내 나이 이제 만 30세. 다른 사람보다 젊은 나이에 경매에 뛰어들었고, 머리보다 몸이 먼저 움직였기에 지금의 위치에 올라설 수 있었다.

요즘 젊은 사람들은 꿈과 목표가 없는 사람들이 대부분이다. 하루 종일 도서관에서 공무원 시험공부를 하고 자격증 시험을 준비하며 남들과 비슷한 삶을 살아가길 원한다. 자기 일이 있는 사람은 그 일을 하기에 급급하여 '나는 공부할 시간이 없다'고 생각한다. 물론 자신들의 꿈이 공무원이고 자격증이 필요한 직업이라면 원하는 공부를 하는 것이니 응원을 해주어야 한다. 하지만 많은 사람들이 자신의 꿈이 무엇인지도 모른 채 목표의식도 없이 책상 앞에 앉아 젊음이라는 소중한 시간을 보낸다.

젊은 사람들뿐만 아니라 결혼을 한 여성, 은퇴를 직전에 둔 사람들 또한 더 이상 자신이 사회에서는 할 수 있는 일이 없다는 생각을 하고, 무언가를 시도조차 하지 않는 경우가 많다. 경매를 늦게 시작했다고 어렵다고 생각하지 않았으면 한다. 꿈은 꾸는 것이 아니라 이루는 것이다. 사람들은 자신이 생각하는 것보다 더욱 뛰어난 능력을 갖고 있는데 이를 간과하는 경우가 많다. 도전하고 또 도전하라. 경매라는 꿈과 목표가 생긴 독자 여러분들이 좋은 물건으로 꼭 승리하길 바란다.

끝으로 부족한 내게 출간을 제안해주시고 아이디어를 주신 송희창 사장님께 진심으로 감사드리며, 언제나 묵묵하게 응원해주시는 부모님, 하루하루 옆에서 힘내라며 격려해주고 믿어준 아내, 그리고 아빠가 늦잠 잘까봐 새벽마다 울어준 생후 7개월 된 떼쟁이 아들에게 이 기회를 빌어 감사의 마음을 전한다.

도서출판 지혜로

'도서출판 지혜로'는 경제·경영 및 법률 서적 전문 출판사이며, 지혜로는 독자들을 '지혜의 길로 안내한다'는 의미입니다. 지혜로는 특히 부동산 분야에서 독보적인 위상을 자랑하고 있으며, 지금까지 출간되었던 모든 책들이 베스트셀러 그리고 스테디셀러가 되었습니다.

지혜로는 '소장가치 있는 책만 만든다'는 출판에 관한 신념으로, 사업적인 이윤이 아닌 오로지 '독자를 위한 책'에 초점이 맞춰져 있고, 앞으로도 계속해서 아래의 원칙을 지켜나갈 것입니다.

첫째, 객관적으로 '실전에서 실력이 충분히 검증된 저자'의 책만 선별하여 제작합니다. 실력 없이 책만 내는 사람들도 많은 실정인데, 그런 책은 읽더라도 절대 유용한 정보를 얻을 수 없습니다. 독서란 시간을 투자하여 지식을 채우는 과정이기에, 책은 독자들의 소중한 시간과 맞바꿀 수 있는 정보를 제공해야 한다고 생각합니다. 그러므로 지혜로는 원고뿐 아니라 저자의 실력 또한 엄격하게 검증을 하고 출간합니다.

둘째, 불필요한 지식이나 어려운 내용은 편집하여 최대한 '독자들의 눈높이'에 맞춥니다. 책의 최우선적인 목표는 저자가 알고 있는 지식을 자랑하는 것이 아닌 독자에게 필요한 지식을 채우는 것입니다. 독자층의 눈높이에 맞지 않는 정보는 지식이 될 수 없다는 생각으로 독자들에게 최대한의 정보를 제공할 수 있도록 편집할 것입니다.

마지막으로 독자들이 '지혜로의 책은 믿고 본다'는 생각을 가지고 구매할 수 있도록 초심을 잃지 않고, 철저한 검증과 편집 과정을 거쳐 좋은 책만 만드는 도서출판 지혜로가 되겠습니다.

도서출판 지혜로, '설립 후 출간 서적 모두 베스트셀러 기록'

송희창 대표, "앞으로도 독자들에게 꼭 필요한 책만 제작할 것"

2018.02.18

'도서출판 지혜로'에서 출간한 주요 책들.

[로이슈] 도서출판 지혜로의 신간 서적 역시 출간과 동시에 온 · 오프라인 서점에 모두 베스트셀러 도서로 선정됐다.

실제로 이번 신간을 포함하면 지혜로 출판사는 2012년 설립 이후 지금까지 출간한 총 16권의 모든 서적이 베스트셀러로 기록됐으며, 이로써 지혜로 출판사는 불황인 출판업계에 희망의 아이콘으로 자리 잡았다.

송희창 지음 | 352쪽 | 17,000원

엑시트 EXIT

당신의 인생을 바꿔 줄 부자의 문이 열린다!
수많은 부자를 만들어낸 송사무장의 화제작!

- 무일푼 나이트클럽 알바생에서 수백억 부자가 된 '진짜 부자'의 자본주의 사용설명서
- 부자가 되는 방법을 알면 누구나 평범한 인생을 벗어나 부자의 삶을 살 수 있다!
- '된다'고 마음먹고 꾸준히 정진하라! 분명 바뀐 삶을 살고 있는 자신을 발견하게 될 것이다.

김태훈 지음 | 352쪽 | 18,000원

아파트 청약 이렇게 쉬웠어?

가점이 낮아도, 이미 집이 있어도, 운이 없어도
당첨되는 비법은 따로 있다!

- 1년 만에 1,000명이 넘는 부린이를 청약 당첨으로 이끈 청약 최고수의 실전 노하우 공개!
- 청약 당첨이 어렵다는 것은 모두 편견이다. 본인의 상황에 맞는 전략으로 도전한다면 누구나 당첨될 수 있다!
- 사회초년생, 신혼부부, 무주택자, 유주택자 및 부동산 초보부터 고수까지 이 책 한 권이면 내 집 마련뿐 아니라 분양권 투자까지 모두 잡을 수 있다.

이선미 지음 | 308쪽 | 16,000원

싱글맘 부동산 경매로 홀로서기
(개정판)

채널A 〈서민갑부〉 출연!
경매고수 이선미가 들려주는 실전 경매 노하우

- 경매 용어 풀이부터 현장조사, 명도 빨리하는 법까지, 경매 투자자들이 강력 추천한 최고의 경매 입문서!
- 〈서민갑부〉에서 많은 시청자들을 감탄하게 한 그녀의 투자 노하우를 모두 공개한다!
- 경매는 돈 많은 사람만 할 수 있다는 편견을 버려라! 마이너스 통장으로 경매를 시작한 그녀는, 지금 80채 부동산의 주인이 되었다.

박희철 지음 | 328쪽 | 18,000원

경매 권리분석 이렇게 쉬웠어?

대한민국에서 가장 쉽고, 체계적인 권리분석 책! 권리분석만 제대로 해도 충분한 수익을 얻을 수 있다.

• 초보도 쉽게 정복할 수 있는 권리분석 책이 탄생했다!
• 경매 권리분석은 절대 어려운 것이 아니다. 이제 쉽게 분석하고, 쉽게 수익내자!
• 이 책을 읽고 따라하기만 하면 경매로 수익내기가 가능하다.

송희창 지음 | 308쪽 | 16,000원

송사무장의 부동산 경매의 기술

수많은 경매 투자자들이 선정한 최고의 책!

• 출간 직후부터 10년 동안 연속 베스트셀러를 기록한 경매의 바이블이 개정판으로 돌아왔다!
• 경매 초보도 따라할 수 있는 송사무장만의 명쾌한 처리 해법 공개!
• 지금의 수많은 부자들을 탄생시킨 실전 투자자의 노하우를 한 권의 책에 모두 풀어냈다.
• 큰 수익을 내고 싶다면 고수의 생각과 행동을 따라하라!

송희창 지음 | 376쪽 | 18,000원

송사무장의 실전경매
(송사무장의 부동산 경매의 기술 2)

이것이 진정한 실전경매다!

• 수많은 투자 고수들이 최고의 스승이자 멘토로 인정하는 송사무장의 '완벽한 경매 교과서'
• 대한민국 NO.1 투자 커뮤니티인 '행복재테크' 카페의 칼럼니스트이자 경매계 베스트셀러 저자인 송사무장의 다양한 실전 사례와 유치권의 기막힌 해법 공개!
• 저자가 직접 해결하여 독자들이 생생하게 간접 체험할 수 있는 경험담을 제공하고, 실전에서 바로 응용할 수 있는 서식과 판례까지 모두 첨부!

송사무장의 부동산 공매의 기술

드디어 부동산 공매의 바이블이 나왔다!

- 이론가가 아닌 실전 투자자의 값진 경험과 노하우를 담은 유일무이한 공매 책!
- 공매 투자에 필요한 모든 서식과 실전 사례가 담긴 이 책 한 권이면 당신도 공매의 모든 것을 이해할 수 있다!
- 저자가 공매에 입문하던 시절 간절하게 원했던 전문가의 조언을 되짚어 그대로 풀어냈다!
- 경쟁이 덜한 곳에 기회가 있다! 그 기회를 놓치지 마라!

송희창 지음 | 456쪽 | 18,000원

수도권 알짜 부동산 답사기

알짜 부동산을 찾아내는 특급 노하우는 따로 있다!

- 초보 투자자가 부동산 경기에 흔들리지 않고 각 지역 부동산의 옥석을 가려내는 비법 공개!
- 객관적인 사실에 근거한 학군, 상권, 기업, 인구 변화를 통해 각 지역을 합리적으로 분석하여 미래까지 가늠할 수 있도록 해준다.
- 풍수지리와 부동산 역사에 관한 전문지식을 쉽고 흥미진진하게 풀어낸 책!

김학렬 지음 | 420쪽 | 18,000원

대한민국 땅따먹기

진짜 부자는 토지로 만들어 진다!
최고의 토지 전문가가 공개하는 토지 투자의 모든 것!

- 토지 투자는 어렵다는 편견을 버려라! 실전에 꼭 필요한 몇 가지 지식만 알면 누구나 쉽게 도전할 수 있다.
- 경매 초보들뿐만 아니라 경매 시장에서 더 큰 수익을 원하는 투자자들의 수요까지 모두 충족시키는 토지 투자의 바이블 탄생!
- 실전에서 꾸준히 수익을 내고 있는 저자의 특급 노하우를 한 권에 모두 수록!

서상하 지음 | 356쪽 | 18,000원

1년 안에 되파는 토지투자의 기술

초보자도 쉽게 적용할 수 있는
토지투자에 관한 기막힌 해법 공개!

- 토지투자는 돈과 시간이 여유로운 부자들만 할 수 있다는 편견을 시원하게 날려주는 책!
- 적은 비용과 1년이라는 짧은 기간으로도 충분히 토지투자를 통해 수익을 올릴 수 있다!
- 토지의 가치를 올려 높은 수익을 얻을 수 있게 하는 '토지 개발' 비법을 배운다!

김용남 지음 | 272쪽 | 16,000원

투에이스의 부동산 절세의 기술
(전면개정판)

양도권, 종합소득세, 법인투자, 임대사업자까지 한 권으로 끝내는 세금 필독서!

- 4년 연속 세금분야 독보적 베스트셀러가 완벽하게 업그레이드되어 돌아왔다!
- 각종 정부 규제에 관한 해법과 법인을 활용한 '절세의 기술'까지 모두 수록!
- 실전 투자자인 저자의 오랜 투자 경험을 바탕으로 구성된 소중한 노하우를 그대로 전수받을 수 있는 최고의 부동산 세법 책!

김동우 지음 | 460쪽 | 19,000원

한 권으로 끝내는 셀프 소송의 기술
(개정판)

부동산을 가지려면 이 책을 소장하라!
경매 특수물건 해결법 모두 공개!

- 내용증명부터 점유이전금지가처분, 명도소장 등 경·공매 투자에 필요한 모든 서식 수록!
- 송사무장이 특수물건을 해결하며 실전에서 사용했던 서식을 엄선하여 담고, 변호사의 법적 지식을 더한 완벽한 책!
- 누구나 쉽게 도전할 수 있는 셀프 소송의 시대를 연 바로 그 책! 이 책 한 권은 진정 수백만 원 그 이상의 가치가 있다!

송희창 · 이시훈 지음
740쪽 | 55,000원

서른 살 천년백수
부동산경매로
50억 벌다

서른살 천년백수

부동산경매로
50억 벌다